指挥信息系统
需求论证与评估

樊延平 郭齐胜 编著

国防工业出版社
·北京·

内 容 简 介

本书是在装备需求论证教学科研实践中,对指挥信息系统需求论证理论与方法的总结,在全面介绍指挥信息系统需求论证与评估基本概念和方法的基础上,系统介绍了指挥信息系统使命任务需求、能力需求和装备需求的论证方法以及指挥信息系统需求评估方法,并给出了指挥信息系统需求论证的应用实例。

本书可作为指挥信息系统工程专业高年级本科生或军事装备学研究生的教材或学习参考书,也可供从事装备论证相关人员阅读参考。

图书在版编目(CIP)数据

指挥信息系统需求论证与评估 / 樊延平,郭齐胜编著. —北京:国防工业出版社,2019.8
ISBN 978-7-118-11918-3

Ⅰ. ①指… Ⅱ. ①樊… ②郭… Ⅲ. ①作战指挥系统-信息系统-需求-论证②作战指挥系统-信息系统-评估 Ⅳ. ①E141.1-39

中国版本图书馆 CIP 数据核字(2019)第 151601 号

※

国防工业出版社 出版发行
(北京市海淀区紫竹院南路23号 邮政编码100048)
三河市德鑫印刷厂印刷
新华书店经售

*

开本 710×1000 1/16 印张 14½ 字数 255 千字
2019 年 8 月第 1 版第 1 次印刷 印数 1—2000 册 定价 68.00 元

(本书如有印装错误,我社负责调换)

国防书店:(010)88540777　　发行邮购:(010)88540776
发行传真:(010)88540755　　发行业务:(010)88540717

前　言

装备需求论证是装备发展建设的首要环节,其质量决定着装备发展建设的质量。在联合作战条件下,多样化的使命任务要求武器装备要具有全谱的作战能力和灵活的作战功能,传统的"基于威胁"的装备需求论证理念已经难以适应现状,亟需开展"基于能力"的装备需求论证。同时,指挥信息系统作为武器装备体系功能融合、单元合成和体系联动的关键,在现代武器装备体系中的重要地位作用更加凸显。如何围绕使命任务有效提出指挥信息系统的需求方案,成为当前指挥信息系统发展建设的关键问题。本书结合教学科研实践,着眼于回答如何科学提出指挥信息系统需求方案问题,提出了指挥信息系统需求论证与评估的基本思路和主要方法,具有较高的应用价值。

全书内容安排上可分3部分,第1部分为基础理论篇(第1~3章),重点介绍武器装备需求论证与评估的基本理论和一般方法;第2部分为支撑方法篇(第4~7章),以体系结构框架思想为指导系统介绍了指挥信息系统使命任务需求、能力需求和装备需求的论证方法以及指挥信息系统需求评估方法;第3部分为应用实践篇(第8章),以数字化合成营指挥信息系统需求论证为例,按照任务需求分析、能力需求分析、装备需求分析3个方面,进行了方法的应用验证。

本书由樊延平、郭齐胜共同编著。其中,郭齐胜完成了第1、4、5章部分内容的撰写,樊延平完成了其他章节内容的撰写,全书由樊延平统稿。

本书编写得到了所在单位领导、同事和国防工业出版社有关领导的大力支持和帮助,在此表示衷心感谢。此外,编写过程中还参考或引用了有关作者的论著,在此表示感谢。

由于作者水平和经验有限,对部分问题的理解还不够深入和系统,书中不妥之处在所难免,恳请读者和专家批评指正。

作者
2018年12月

目 录

第 1 章 概论

1.1 指挥信息系统 ………………………………………………………… 1
   1.1.1 基本概念 …………………………………………………… 1
   1.1.2 系统结构 …………………………………………………… 2
   1.1.3 系统特点 …………………………………………………… 3
1.2 指挥信息系统需求 ……………………………………………………… 4
   1.2.1 基本概念 …………………………………………………… 4
   1.2.2 主要特点 …………………………………………………… 5
1.3 指挥信息系统需求论证与评估 ………………………………………… 7
   1.3.1 基本概念 …………………………………………………… 7
   1.3.2 地位作用 …………………………………………………… 8
   1.3.3 发展历程 …………………………………………………… 10

第 2 章 装备需求论证理论与方法

2.1 基本理论 ……………………………………………………………… 13
   2.1.1 基本分类 …………………………………………………… 13
   2.1.2 主要内容 …………………………………………………… 16
   2.1.3 典型特征 …………………………………………………… 17
   2.1.4 面临挑战 …………………………………………………… 19
   2.1.5 发展趋势 …………………………………………………… 21
2.2 基本方法 ……………………………………………………………… 23
   2.2.1 系统分析方法 ……………………………………………… 23
   2.2.2 预测分析方法 ……………………………………………… 23
   2.2.3 运筹分析方法 ……………………………………………… 23
   2.2.4 技术经济分析方法 ………………………………………… 23

- 2.2.5 决策分析方法 ·· 23
- 2.2.6 逻辑分析方法 ·· 24
- 2.2.7 仿真实验方法 ·· 24
- 2.2.8 综合集成方法 ·· 24
- 2.3 基于类比的装备需求论证方法 ··· 25
  - 2.3.1 基本原理 ·· 25
  - 2.3.2 分析框架 ·· 26
  - 2.3.3 模型与算法设计 ·· 27
  - 2.3.4 实例分析 ·· 30
- 2.4 基于综合微观分析的需求论证方法 ····································· 32
  - 2.4.1 综合微观分析方法 ·· 32
  - 2.4.2 装备需求论证中的综合微观分析 ·································· 33
- 2.5 基于体系结构的需求论证方法 ··· 36
  - 2.5.1 体系结构技术 ·· 36
  - 2.5.2 体系结构框架 ·· 37
  - 2.5.3 基于多视图的需求分析模式 ······································ 40
  - 2.5.4 基于ABM的需求分析方法 ·· 41
- 2.6 指挥信息系统需求论证方法的未来发展 ······························· 46
  - 2.6.1 方法体系 ·· 46
  - 2.6.2 主要特征 ·· 49

第3章 装备需求评估理论与方法

- 3.1 概述 ··· 50
  - 3.1.1 问题定义 ·· 50
  - 3.1.2 评估步骤 ·· 51
  - 3.1.3 评估特点 ·· 52
- 3.2 指标体系构建 ··· 52
  - 3.2.1 指标选取原则 ·· 52
  - 3.2.2 指标选取方法 ·· 54
  - 3.2.3 指标选取步骤 ·· 61
- 3.3 指标权重分析 ··· 63
  - 3.3.1 基本概念 ·· 63

  3.3.2　权重分析方法 ………………………………………… 64
3.4　指标取值分析 ……………………………………………………… 66
  3.4.1　定量指标处理 ………………………………………… 67
  3.4.2　定性指标定量化 ……………………………………… 70
3.5　常用评估方法 ……………………………………………………… 72
  3.5.1　层次分析法 …………………………………………… 72
  3.5.2　理想点法 ……………………………………………… 76
  3.5.3　模糊综合评判法 ……………………………………… 77
  3.5.4　价值评估法 …………………………………………… 80

第4章　指挥信息系统使命任务需求分析方法

4.1　概述 ………………………………………………………………… 83
  4.1.1　基本概念 ……………………………………………… 83
  4.1.2　分析内容 ……………………………………………… 85
  4.1.3　分析流程 ……………………………………………… 86
  4.1.4　分析特点 ……………………………………………… 87
4.2　作战使命分析 ……………………………………………………… 88
  4.2.1　SWOT方法 …………………………………………… 89
  4.2.2　分析步骤 ……………………………………………… 89
  4.2.3　SWOT分析矩阵 ……………………………………… 90
  4.2.4　作战使命分解 ………………………………………… 92
4.3　作战概念设计 ……………………………………………………… 93
  4.3.1　主要内涵 ……………………………………………… 93
  4.3.2　基本原则 ……………………………………………… 95
  4.3.3　设计方法 ……………………………………………… 96
4.4　作战活动分析 ……………………………………………………… 100
  4.4.1　作战活动元模型 ……………………………………… 100
  4.4.2　作战活动分解 ………………………………………… 101
  4.4.3　作战活动时序关系分析 ……………………………… 104
  4.4.4　作战活动建模 ………………………………………… 106
  4.4.5　作战活动指标分析 …………………………………… 114

4.5 作战活动集成 ·· 118
    4.5.1 基于描述性统计的作战活动集成方法 ···························· 119
    4.5.2 基于模糊聚类的作战活动集成方法 ······························ 120

第5章 指挥信息系统能力需求分析方法

5.1 概述 ·· 126
    5.1.1 能力需求分类 ·· 126
    5.1.2 分析内容 ·· 127
    5.1.3 分析流程 ·· 127
5.2 作战能力需求分析 ·· 128
    5.2.1 作战能力结构 ·· 128
    5.2.2 作战能力指标体系 ·· 130
    5.2.3 作战活动与作战能力映射 ·································· 132
    5.2.4 作战能力指标分析 ·· 136
5.3 作战能力差距分析 ·· 140
    5.3.1 作战能力差距的提出 ······································ 140
    5.3.2 作战能力差距的确定方法 ·································· 141
5.4 装备能力需求分析 ·· 145
    5.4.1 作战能力差距解决方法 ···································· 145
    5.4.2 装备能力需求确定 ·· 150

第6章 指挥信息系统装备需求分析方法

6.1 概述 ·· 152
    6.1.1 基本概念 ·· 152
    6.1.2 分析内容 ·· 153
    6.1.3 分析流程 ·· 154
6.2 功能需求分析 ·· 154
    6.2.1 分析方法 ·· 154
    6.2.2 分析举例 ·· 155
6.3 种类需求分析 ·· 156
    6.3.1 分析方法 ·· 156
    6.3.2 分析举例 ·· 157

6.4 数量需求分析 157
   6.4.1 作战活动—体系功能关联分析 157
   6.4.2 作战活动分析 158
   6.4.3 数量需求计算 160
6.5 主要作战性能指标需求分析 162
   6.5.1 分析方法 162
   6.5.2 指标取值分析 165
   6.5.3 分析示例 167

第7章 指挥信息系统需求评估方法

7.1 概述 169
7.2 面向任务的指挥信息系统作战能力需求满足度评估方法 170
   7.2.1 引言 170
   7.2.2 研究框架 171
   7.2.3 使命任务分析 171
   7.2.4 作战能力分析 173
   7.2.5 面向使命任务的作战能力综合分析 174
   7.2.6 实例分析 176
7.3 基于复杂网络的指挥信息系统抗毁性评估方法 177
   7.3.1 复杂网络 177
   7.3.2 复杂网络抗毁性分析 184
   7.3.3 基于复杂网络的指挥控制系统抗毁性建模 190
7.4 基于作战效能仿真的指挥信息系统需求评估方法 195
   7.4.1 仿真原理及系统设计 195
   7.4.2 作战效能指标体系 196
   7.4.3 作战效能评估模型 198
   7.4.4 作战仿真实验过程 202
   7.4.5 作战仿真结果分析 203

第8章 数字化合成营指挥信息系统需求实例研究

8.1 总体方案 205
   8.1.1 研究设想 205

8.1.2　研究过程 …………………………………………………… 205
8.2　作战概念分析 ……………………………………………………… 206
　　8.2.1　作战使命分析 ………………………………………………… 206
　　8.2.2　作战概念分析 ………………………………………………… 207
8.3　作战任务需求分析 ………………………………………………… 208
　　8.3.1　作战活动分析 ………………………………………………… 208
　　8.3.2　作战任务清单 ………………………………………………… 209
8.4　能力需求分析 ……………………………………………………… 211
　　8.4.1　作战能力指标体系构建 ……………………………………… 211
　　8.4.2　作战活动与作战能力映射 …………………………………… 211
8.5　系统需求分析 ……………………………………………………… 214
参考文献 ………………………………………………………………… 215

第1章 概 论

指挥信息系统作为一种复杂的人机交互系统,集指挥控制、情报侦察、预警探测、通信、信息对抗、安全保密等功能于一体,是联合作战条件下体系对抗的信息中枢,在装备发展建设中具有重要作用。采用先进的理论与方法,研究武器装备体系的指挥信息系统需求成为当前和未来一段时期装备发展建设的重要内容。本章主要介绍指挥信息系统需求的概念与内容,分析指挥信息系统需求论证与评估的基本内涵与相互关系,为科学把握指挥信息系统需求提供基础。

1.1 指挥信息系统

1.1.1 基本概念

武器装备是用以实施和保障作战行动的武器、武器系统和军事技术器材的统称。随着信息技术的发展,武器装备之间的联系越来越紧密,武器装备之间的协同作战已成为可能,因此人们提出了武器装备体系的概念。武器装备体系是指在一定的战略指导、作战指挥和保障条件下,为完成一定作战任务,而由功能上互相联系、相互作用的各种武器装备系统组成的更高层次系统。它是各类武器装备的有机组合,强调武器装备之间的功能融合和信息铰链。从功能上,武器装备体系通常可以区分为主战武器系统、指挥信息系统和综合保障系统3部分。其中,指挥信息系统是为主战武器系统和综合保障系统提供信息支持或进行信息作战的装备,它是战争中的指挥中心、神经中枢和神经末梢,在武器装备体系对抗中具有重要作用。

指挥信息系统是综合运用以计算机为核心的技术装备,实现对作战信息获取、传输、处理的自动化,保障各级指挥机构对所属部队和武器实施科学高效的指挥、控制与管理,具有指挥控制、情报侦察、预警探测、通信、信息对抗、安全保密以及有关信息保障功能的各类信息系统的总称。我军指挥信息系统的概念与美军 C^4ISR 概念基本一致,都强调将指挥功能作为系统的首要功能,并在侦察、情报、通信、对抗等功能的支持下,完成对作战部队的有效控制。

根据指挥信息系统功能结构的复杂程度,通常可将指挥信息系统区分为指挥信息装备体系和指挥信息装备两类。其中，指挥信息装备体系是指由各类指挥信息装备有机组合、满足一定作战运用要求的整体，如美军的陆军战术指挥控制系统(ATCCS)，由机动控制、火力支援、防空、情报/电子战、战斗勤务支援及其他信息保障等领域的分系统组成，为从集团军到营的各级部队提供近实时或实时的、无缝的指挥自动化能力，利用有关战场态势感知信息适时地进行决策，是当前美国陆军战役、战术作战中典型的指挥信息系统。指挥信息装备主要是指功能相对单一的信息装备，如通信装备、侦察装备、探测装备、指挥控制装备、电子对抗装备等，它们是形成指挥信息装备体系的重要基础。以数字化坦克连为例，分布于各辆坦克的车载电台能够按照一定的组网规则形成战术互联网，从而形成全连互联、互通的通信网络体系，为提高坦克连的整体攻防能力提供了保障。

1.1.2 系统结构

从技术特征看，指挥信息系统涉及通信技术、计算机技术、情报侦察技术、预警探测技术、电子对抗技术、数据链技术、信息融合技术、信息安全技术等，是一种融合多技术于一体的信息系统。从组成结构看，指挥信息系统由信息获取、信息传输、信息处理、信息呈现、指挥决策和执行6个分系统组成；从功能结构看，指挥信息系统是融战场感知、信息传输、指挥控制、信息对抗和作战信息保障于一体的复杂系统，包括预警探测系统、情报侦察系统、指挥控制系统、通信系统和信息对抗系统。

（1）预警探测系统。预警探测系统是指挥信息系统最重要的实时信息源，它通过位于不同平台的雷达、光电、电子、声学等探测器，在尽可能远的警戒距离内，全天候监视目标，对目标精确定位，测定有关参数，并识别目标的性质，为国家决策当局和军事指挥系统提供尽可能多的预警时间，以便有效地对付敌方的突然袭击。预警探测系统一般分为战略预警系统和战区内战役战术预警系统，一般由天基预警卫星、空中预警机、陆基和海上预警系统组成多层次、全方位的预警探测系统。

（2）情报侦察系统。情报侦察系统通过立体配置的航天、航空、地面和海上的侦察资源，综合使用影像、无线电技术侦察及地面人力侦察等一切可能的侦察手段，全天时、全天候、全方位地搜集和查明有关国家地区、集团的军事、政治、外交、人文、经济和科技等领域的情报，军事力量（部队和装备）在海、陆、空、天、电磁等方面的分布与集结、布防、调动、武器平台类型和数量、装备性能等情报以及地形、地貌、气象等资料，并及时传递到各级指挥机构，经分析、识别、综合处理后形成综合情报，为作战部队提供作战信息，为各级指挥员提供决策依据。

(3) 指挥控制系统。有时也称指挥控制中心或指挥所系统。指挥控制系统是指挥信息系统的核心,整个系统中的情报分析处理、显示控制、辅助决策、作战指挥和部队管理在这里进行,指挥员通过它实施对部队(包括单兵)的指挥和对武器平台的控制。指挥控制系统从作战使用上可分为作战指挥要素和技术保障要素。作战指挥要素是指挥员和参谋、战勤人员实施作战指挥和组织勤务保障的部位,通过设置的指挥控制台、显示设备、各种终端设备和指挥通信设备完成指挥活动;技术保障要素是安装各种技术设备的机房、方舱等,是技术保障人员维护、管理各种设备的场所。

(4) 通信系统。通信系统利用各种通信设备和计算机网络,将指挥信息系统各部分连接为一个有机的整体,并在其间迅速、准确、保密、不间断地传输话音、文字、数据、图形、图像等信息。一般可分为战略通信系统、战区通信系统和战术通信系统。战略通信系统供国家最高军事当局和军(兵)种、战区司令部传送作战信息,并实施对部队和武器的统一指挥和控制,一般由国家军事地面主干通信网、国家军事卫星通信网和国家军事最低限度应急通信网等组成,通常作为通用的国防信息基础设施的主要部分。战区通信系统支持战区司令部实施战役战术作战的组织指挥,能够有效地与各战斗部队的战术通信系统连接,就战术意图和战场态势进行实时的信息交换,一般由固定和机动的通信网组成,并形成战区一体化通信网。战术通信系统支持军以下各战斗部队实现信息的传递和交换,上连战区通信系统和战略通信系统,下连各战斗单元,一般由多种传输方式、宽频谱、综合业务的各种通信系统组成。

(5) 信息对抗系统。信息对抗系统通过各种支援、进攻和防御系统与手段,利用、破坏敌方的信息,降低、破坏敌方信息系统使用效能,摧毁敌方信息系统及其支持系统,剥夺敌方的信息使用权;同时保护己方的信息和信息系统的安全有效。信息对抗系统主要由电子对抗系统和网络攻防系统等组成。

1.1.3 系统特点

指挥信息系统具有如下 6 方面的特点。

(1) 指挥信息系统是基于信息的系统。指挥信息系统以信息为工作媒介,信息功能是其最基本的功能。指挥信息系统的每一项功能都是在信息的基础上完成的。指挥信息系统的活动过程就是从信息的获取、传递、存储、处理到信息的应用和反馈的全过程。所以,指挥信息系统的仿真主要是解决对信息过程的仿真,即信息的获取、传递、存储、处理和应用的描述,并为完成这些信息功能,仿真系统所要采取的行为过程以及逻辑上和物理上的效果。

(2) 指挥信息系统是一个建立在计算机上的系统。计算机是高度自动化的信息处理机器。指挥信息系统以计算机为信息处理工具,计算机是系统的核心设备,通常是指挥机关必不可少的组成部分。

（3）指挥信息系统是人—机系统。在系统中人与计算机在不同层次上担负着不同的工作,信息处理与指挥决策由人与计算机共同完成。在系统中,人是系统的核心,其主要任务是决策,有关传感器的模拟、数据收集、数据编排、显示形成、决策分布等日常工作,则由计算机来完成。

（4）指挥信息系统是依附于武器系统的系统。指挥信息系统的根本目的是增强合成指挥和快速反应能力,提高指挥效能和管理效率,从整体上提高战斗力,起到兵力倍增器的作用。指挥信息系统的效能是以在战场环境中完成使命的程度为标准,通过对武器系统的倍增作用来衡量。这就需要把指挥信息系统的作战效能与作战环境、作战态势和作战结果联系起来,这种兵力倍增作用决定了指挥信息系统对武器系统的依附性。

（5）指挥信息系统是分布式系统。分布式指挥信息系统是为保证高技术战争的作战指挥,系统中各要素按一定的原则和方式分散配置,协调运行,具有高抗毁能力和再生能力的新一代指挥信息系统。

（6）指挥信息系统是一个实时系统。信息处理过程的准确性和快速性是赢得战争必不可少的条件,指挥信息系统时延的增大也许会导致战机的贻误和战争的失败。

1.2 指挥信息系统需求

1.2.1 基本概念

在军事领域,一般将军事需求定义为在军事领域内能够满足武器装备力量建设的各种规则、因素和条件的集合,是面向作战指挥、装备发展、军事理论、编制体制等一系列国防建设问题的发展要求和趋势,是实现预定军事目标、达到预定军事目的所需条件及其要求的总称。它反映了为满足军事战略目标对所需要所有资源的要求,既包括作战的需求,也包括非作战的需求(如抢险救灾、反恐维稳等非战争军事行动);既包括对武器装备及其保障设施的需求,又包括为保证武器装备功能正常发挥所必备的组织、管理、条令、条例和法规制定等。

从工程技术的角度,借鉴软件工程领域的"需求"定义(IEEE1997),可将军事需求定义为:①用户为遂行军事任务或达到军事目标所需的条件或能力;②在特定的环境中,用户要求军事系统应具备的条件或能力;③军事系统或系统部件要满足合同、标准、规范或其他正式文档所需具有的能力;④一种满足上面①②

③所描述的条件或能力的文档说明。该定义从3个角度阐述军事需求:即作战应用角度、用户角度以及系统开发者角度。从作战应用角度来说,军事需求就是"为完成或支持作战功能所需要的任务、作战要素和信息流的描述";它强调作战要素、任务、活动以及信息,是一个高层次的概念或目标;一般与技术无关,而与部队结构和组织有关。从用户角度来说,军事需求就是"支持用户遂行作战活动所需要的系统特点、功能及属性等";它强调需要系统协助用户干什么事,并非系统是怎样设计、构造的。从系统开发者角度来说,需求就是"指明必须实现什么的规格说明;它描述了系统的行为、特性或属性,是在开发过程中对系统的约束"。

军事需求包括装备需求和非装备需求,指挥信息系统需求属于装备需求范围的研究内容。因此,可给出如下的指挥信息系统需求定义:为实现预定军事战略目标和战争目的对所需的指挥信息系统及其要求的总称。具体可以从宏观和微观两个层面进行界定。宏观上,指挥信息系统需求包括指挥信息系统的发展战略和政策需求、各不同层次及种类的指挥信息系统体制需求、指挥信息系统的总体规模和结构需求、指挥信息系统发展的规划计划需求、指挥信息系统型号发展的数量与编配方案及发展顺序需求等;微观上,指挥信息系统需求包括某一型号指挥信息装备研制的战术技术指标需求、寿命周期及其保障性、适用性要求、采办的质量、进度和经费要求,以及对该型号指挥信息装备加(改)装要求等。

1.2.2 主要特点

指挥信息系统需求是军事人员为履行军事使命或完成军事任务,对指挥信息系统的建设以及军队发展提出的期望和条件,这种期望和条件涉及军事问题域的各个方面,包括武器装备的发展、编制体制的改革、人才体系的构成、作战样式的创新、软硬件系统的建设、技术体制的采用乃至技术保障等。指挥信息系统需求在内容上表现为需求要素及要素之间关系的集合。

由于指挥信息系统是一个极其庞大和复杂的人机系统,相对于一般的软件系统,其更具有多变性、分布性、异构性、高可靠性、高对抗性以及高适应性等特点,指挥信息系统的这些特点决定了指挥信息系统需求覆盖的领域广泛,包含的内容复杂,涉及的人员众多,具体如下:

1. 覆盖领域广泛

指挥信息系统需求涉及各级各类的业务领域、技术领域及信息领域。从业务角度来说,涉及作战、政工、后勤、装备等领域,而且这些业务领域还包含了十分复杂的子领域,以作战业务为例,可进一步分为指挥、控制、情报、通信、侦察、探测等方面,这些业务又可进一步细分;从技术角度来说,指挥信息系统涉及的技术几乎涵盖目前大多数高新技术，包括信息技术、电子技术和生物技术等各个方面。这些领域覆盖面广、层次多，涉及的背景复杂。

2. 包含内容复杂

在软件需求领域，业务活动、组织结构、信息流程以及对象状态等内容属于问题域范畴，即软件所运作的环境，而不属于软件的范畴。在软件需求的规格说明书中主要描述软件的功能需求、非功能性指标需求以及一些相关的设计约束信息，其原因是软件所包含的范畴比较狭小，业务活动、组织结构、信息流程以及对象状态这些信息并不属于软件的一部分，而只是软件的问题域，所以这些信息不是由用户对软件提出的需求。然而，指挥信息系统是由软件、硬件、设施、物资、武器平台以及作战单元等元素组成的，也就是说，组织、活动以及作战单元等信息都是指挥信息系统需求的一部分。

另一方面，指挥信息系统需求除了要描述功能需求、非功能性指标需求以外，还需要描述系统结构、通信网络、系统之间的信息交换等方面的需求内容，这些内容虽然在软件开发过程中不属于软件需求的范畴，而是属于软件设计所要解决的问题，但是在指挥信息系统需求的开发过程中，必须描述这些信息，这主要是由指挥信息系统的复杂性决定的，因为指挥信息系统是由包含了大量的软件、硬件和组织等元素组成的，用户有可能也要对这些软件、硬件或组织之间的组成及其相互之间的关系提出需求。需要说明的是，指挥信息系统的需求不需要描述每个软件的需求，特定软件的需求由软件需求工程师按照软件需求工程方法解决。

另外，在软件工程领域，用户对于软件所采用的技术体制及技术标准关注较少，这些是属于软件设计人员所要解决的问题，所以，在软件需求中也不需要描述这些技术方面的信息，但是，在指挥信息系统领域，各领域的子系统分布式建设，采用统一的技术体制和技术标准是确保各系统之间能够"互联、互通、互操作"的基础，所以，在指挥信息系统建设的过程中，有专门的技术部门负责提出和规范指挥信息系统技术体制和技术标准方面的需求。

最后，由于指挥信息系统具有高可靠性、高对抗性以及使用环境特殊等特点，所以有专门的技术部门对指挥信息系统提供实时的维护和安全的保障，同时由于指挥信息系统的保障范围广、保障任务重、保障关系杂，所以，在指挥信息系统需求开发过程中，必须明确提出指挥信息系统中需要保障的对象、保障的手段以及保障关系等方面的需求信息，而这些需求信息在软件需求中并不关注。

3. 涉及人员众多

指挥信息系统需求的开发会涉及各军兵种、各部门、各类相关人员，主要包括军事指挥、系统使用、技术保障、项目管理、需求工程师、系统设计与实现以及系统测试与维护等7类人员。这些人员在指挥信息系统需求的开发过程中，职责各不相同，分别从不同的角度关注指挥信息系统需求。根据指挥信息系统需求的开发实践可知，其中的军事指挥人员、系统使用人员和技术保障人员是指挥信息系统需求的提出人员，这3类人员分别从不同的角度提出指挥信息系统的需求。

军事指挥人员是军事业务、指挥关系的决策人员，主要负责提出有关作战任务、作战活动以及指挥关系等方面的需求，这些需求类似于软件需求中的业务背景；系统使用人员则相当于各类参谋业务人员，是指挥信息系统中各子系统的实际操作人员，主要负责提出系统功能、系统性能指标、系统数据以及系统结构等方面的需求，这些需求和实际系统密切相关，相当于软件需求中的用户需求，但其包含的内容更加广泛；技术保障人员负责提出指挥信息系统需求开发过程中涉及的技术以及系统维护方面的需求，在软件需求中并不需要提出这些需求，这主要由指挥信息系统的复杂性、高可靠性和高对抗性所决定。实际上，此处提到的技术保障人员并非指挥信息系统的实际保障人员，而是属于技术主管部门，只负责提出需求，之所以称为技术保障人员是相对于军事指挥人员和系统使用人员而言的。

这3类需求的提出人员分布在各军兵种、各部门、各领域，相互之间的关系复杂，协调难度大，而且还要与指挥信息系统需求开发的其他相关人员进行交流、协作，所以，指挥信息系统的需求开发涉及人员众多，相互之间的关系十分复杂。

1.3 指挥信息系统需求论证与评估

1.3.1 基本概念

指挥信息系统需求论证是装备论证的重要组成部分，也是装备发展建设首要考虑的问题，其重点解决"仗怎么打，装备怎么发展"的问题，突出强调作战需求对装备发展的牵引和推动作用。它以作战需求为根本遵循，采用科学分析、逻辑推理、仿真实验和评估优化等手段，以提出装备需求方案为目标，通过一系列组织有序的论证活动，将比较模糊、抽象、不确定的军事需求逐步明确为具体、清晰的武器装备功能要求及其作战性能指标，作为支撑装备发展建设决策的关键依据。装备需求论证的根本目标是提出科学合理的装备需求方案。按照需求的论证过程，一般可分为需求获取、需求分析、需求描述、需求验证和需求评审5个阶段。其中，需求获取的主要任务是积极与指挥信息系统的潜在用户交流，运用各种有效的方法去捕捉、分析和修订用户对目标系统的需求,并提炼出符合解决问题要求的用户需求;需求分析的主要任务是对初始的用户需求进行细化,分析每个细节,从而获得对系统开发有价值的信息,满足不同利益攸关方的价值关切;需求描述的主要任务是采用规范的或形式化的语言对已获取的需求进行精确描述,消除种种模糊和不确定因素,并采用建模方法和技术为目标系统建立一个抽象的概念模型,重点是解决需求描述的模糊性、二义性和不一致性等问题;需求验证的主要任务是就需求分析的结果与用户进行沟通,对需求模型进行推演和验证,就目标系统的功能需求和非功能需求及运行方式等与用户达成一致的意见,它是保证需求方案正确描述用户需求的关键步骤;需求评审的主要任务是由用户方组织外部专家对已形成的需求方案的用户要求满足性进行全面检查和分析论证,它是改进和完善需求方案的重要步骤,也是形成需求论证报告的基础。

指挥信息系统需求评估是指按照一定价值准则,采用科学的评估方法,对指挥信息系统的需求方案及其需求内容进行综合评价。它既存在于指挥信息系统需求论证阶段,也可以在指挥信息系统需求方案形成后独立开展。指挥信息系统需求评估的目的是为了发现指挥信息系统需求方案中的缺陷和不足,为修改完善指挥信息系统需求方案提供建议,为指挥信息系统投资方提供决策依据。

通常认为,指挥信息系统需求评估是指挥信息系统需求论证的组成部分,重点对指挥信息系统需求方案的科学性、合理性、经济性、技术可行性以及用户的可接受程度进行综合评价,为指挥信息系统需求方案决策提供支撑。

1.3.2 地位作用

指挥信息系统需求论证作为指挥信息系统发展建设的首要环节,是决定指挥信息系统发展方向和装备建设质量的重要手段,对于推动指挥信息系统科学化、体系化发展具有重要意义。特别是,随着我军武器装备发展模式由"研制模仿"向"自主创新"的根本转变,如何有效协调作战需要与装备发展的相互关系,科学优化武器装备体系结构组成和能力结构,已成为装备发展建设亟需解决的关键问题,也是指挥信息系统需求论证研究的核心问题。指挥信息系统需求论证在指挥信息系统全寿命周期发展建设中的地位和作用主要表现在以下3个方面:

(1) 指挥信息系统需求论证是装备发展建设的强力牵引,它明确了指挥信息系统发展建设的方向和重点。指挥信息系统需求论证是用来解决指挥信息系统发展建设的目标定位问题,即需要回答"指挥信息系统发展方向是什么""发展哪些指挥信息系统"的问题,是确定指挥信息系统发展建设目标的关键依据,在指挥信息系统发展建设中具有头等重要的地位,也是军方在指挥信息系统发展建设过程中必须明确的问题。首先,在指挥信息系统发展方向上,通过开展全面、深入的指挥信息系统需求论证研究,科学预测未来战争形态及其对指挥信息系统发展的要求,初步勾画未来指挥信息系统的使命任务及其功能要求,能够为指挥信息系统发展指明方向,从而为制定指挥信息系统发展建设规划提供依据。其次,在总体结构上,以获得最优的作战效能为目标,通过科学假设指挥信息系统的作战运用方式和预期效果,全面分析作战体系与装备体系的相互关系,能够进一步优化装备体系的结构组成与功能组成,提高装备体系的整体作战能力和对未来战场动态环境的适应性。最后,在指挥信息系统发展进度上,能够综合权衡国防建设目标、国家经济实力、国防工业技术水平等因素,准确定位军队武装力量建设中的薄弱环节和急需环节,科学制定指挥信息系统发展建设的重点和难点,清晰制定指挥信息系统建设路线图,为开展指挥信息系统型号研制及其关键技术攻关提供关键依据。

(2) 指挥信息系统需求论证以满足未来多样化军事需求为目标,增强了指挥信息系统对未来战争的适应性。传统的"基于威胁"和"基于效果"的论证,着眼于当前军事斗争准备面临的作战威胁和预期的作战效果,是围绕现阶段作战需求提出的指挥信息系统需求。由于指挥信息系统发展建设的滞后性,"基于威胁"和"基于效果"的指挥信息系统需求,已难以适应未来多样化的军事威胁和作战需求,不能满足未来作战运用要求。因此,指挥信息系统需求论证必须要采用"基于能力"的理念,着眼于分析未来多样化的作战威胁,科学提出适应未来作战要求的指挥信息系统需求方案,才能满足未来作战的实战化要求。一方面,战争发展形式是连续性与跳跃性的有机统一,通过全面分析世界军事威胁的发展变化形态、武器装备的发展规律、科学技术的发展趋势和战争机理的演化过程,人们能够预测未来战争的发展形态并有针对性地设计未来战争。另一方面,由于未来战争威胁的多样化和不确定性,导致指挥信息系统发展建设必须要能够全面考虑未来战争的多样性与不确定性,从武器装备体系应具备的综合能力出发,应对未来威胁的多样性和不确定性,提高指挥信息系统发展方案的针对性和有效性。同时,以未来战争的多样化的作战需求为牵引,科学构建未来武器装备体系的要素组成和相互关系,从作战运用角度对装备体系物质、能量和信息进行预先组织与设计,使得武器装备体系具备了未来战争的体系对抗特征,从而能够极大地适应未来战争对指挥信息系统的要求。

(3) 指挥信息系统需求论证是设计生产武器装备的重要依据,也是检验和评价指挥信息系统质量的关键依据。在指挥信息系统研制领域,指挥信息系统需求论证提出的指挥信息系统需求功能要求及其作战性能指标要求,是进一步开展指挥信息系统立项论证以及指挥信息系统方案设计的主要依据,对于提出科学合理的指挥信息系统结构和功能组成具有重要意义。而且,在指挥信息系统研制定型阶段,指挥信息系统需求方案又是评价指挥信息系统研制质量和水平的重要依据,通过研究指挥信息系统的功能及其战术技术性能指标与装备需求方案之间的满足程度,确定指挥信息系统能否满足预期的装备使命任务,进而为指挥信息系统定型和采购提供决策依据。

1.3.3 发展历程

指挥信息系统需求论证是我国装备需求论证的重要组成部分,其发展历程与我国装备需求论证的总体历程相似,满足了我国指挥信息系统的发展建设需要。在我国,装备论证理论与方法的发展与我国武器装备发展方式密切相关,在引进购置、模仿研制和自主创新的不同发展阶段,装备论证的地位和作用逐步增强,装备论证理论与方法体系也逐渐成熟完善。从装备论证理论与方法的发展特点看,可区分为4个阶段。

(1) 建国初期,由于武器装备匮乏、部队作战能力参差不齐、国防工业技术基础薄弱等原因,我国的武器装备发展模式主要采用"引进购置"的方式,是典型的"拿来主义"政策,没有必要也没有时间进行充分的装备需求研究和发展规划,没有开展装备论证的需求,装备论证理论与方法研究基本空白。

(2) 进入20世纪60年代,随着国防工业技术实力的提升,我国的武器装备逐渐走上了"模仿研制"的发展方式,这一阶段虽然开始考虑部队武器装备的使用需求,但是重点仍是将国外先进的武器装备作为我国武器装备发展的目标和方向,并依靠国外装备发展经验进行定性分析确定我国武器装备发展目标。该阶段已经形成了比较模糊的装备论证概念,能够主动开展一些论证研究工作,但是多是结合型号论证任务开展相关理论和方法研究,比较分散,系统性和连续性不强,侧重于定性分析,定量计算要求不高,并没有提出比较系统的装备论证理论和方法。

(3) 进入20世纪80年代,随着总参谋部和军兵种武器装备论证机构的相继成立,我国装备论证理论与方法发展进入了新的时期,专门研究装备论证理论和专门从事装备论证实践人员的出现,促进了装备论证理论与方法成果的大发展,基本形成了以系统分析与逻辑推理为主要方法的装备需求论证理论和方法体系。特别是随着1998年总装备部的成立,装备论证工作的地位再次受到各军兵种部门的高度重视,其纷纷加大了武器装备论证研究的力度和项目实践,产生了一大批装备论证理论和方法成果。该阶段已经初步形成比较完善的以定性分析与定量计算相结合的装备论证理论与方法体系。如张明国等撰写的《宏观综合论证》专著对宏观综合论证的类型、内容和方法进行系统总结;赵全仁等撰写的《武器装备论证导论》专著,系统总结了该阶段装备论证的理论与方法成果,有力地指导了装备论证的科学化和规范化研究;李明等从方法论角度系统分析了各类型装备论证的步骤、方法及其应用情况,建立了比较完善的装备论证方法体系;王良曦以装甲兵武器装备为例,系统提出了装甲兵武器装备论证的概念、分类、内容和方法,为开展装甲兵武器装备论证提供了比较系统的理论和方法支撑;杨利民针对指挥自动化系统的特点提出了指挥自动化系统作战需求分析的原则、内容、机制和方法,为我军作战需求分析与指挥自动化系统建设提供了有益的理论指导;杜汉华对装甲兵装备论证工作、武器系统作战使用论证、费效分析、发展论证等内容进行了系统的归纳与总结;宋振铎系统总结了反坦克制导武器的论证内容、方法和程序,撰写了《反坦克制导兵器论证与试验》专著。

(4) 进入 21 世纪,我军武器装备发展正逐渐进入"自主创新"发展的全新时期,发展什么样的装备成为武器装备发展面临的首要课题,武器装备论证的作用和意义空前提高,对装备论证理论与方法的研究再次掀起高潮。特别是,美军在陆军转型中明确提出了基于能力的装备发展建设思路,并发布了指导装备发展规划的体系结构框架标准,为处于"自主创新"发展期的装备论证理论与方法研究提供了很好的借鉴。为此,国内装备论证研究机构也积极借鉴美军体系结构框架研究经验,更加强调武器装备体系整体作战能力建设目标,有机协调装备体系与装备型号发展的相互关系,突出作战需求对武器装备发展的牵引指导作用,进一步丰富了装备需求论证理论与方法的相关内容,使得论证模式更加成熟,论证理论与方法体系更加完善,推动了装备论证的系统性、科学性和规范性。如张宝书撰写的《陆军武器装备作战需求论证概论》专著,系统分析了陆军武器装备作战需求论证的一般规律、方法模型和支撑环境,提出了陆军作战能力和武器装备发展目标、体系结构、方向重点的分析方法,形成了比较完整的理论体系;王凯系统总结了宏观综合论证、型号研制论证和专项论证的内容、程序和方法,形成了比较系统的武器装备军事需求论证理论与方法体系;张兵志、郭齐胜等撰写的《陆军武器装备需求论证理论与方法》专门论述了装备需求论证的基本理论、需求分析及评估方法,为进行装备需求论证规范化研究提出了扎实的理论基础。

另外,装备论证地位和作用的不断提高,装备论证理论与方法的不断完善,装备论证研究过程也日益复杂,如何提升装备论证质量和效率成为装备论证机构普遍关心的重要问题。为此,多家研究机构按照系统工程的理论与方法要求,借鉴工程领域的管理实践经验,提出了装备论证工程化的理论,如王书敏等提出了武器装备研制作战需求工程的基本活动、内容及其方法论,为推动武器装备作战需求论证工程化提供了有益参考;郭齐胜、董志明等提出了装备需求论证工程化的基本概念和研究内容,并试图构建装备需求论证工程化系统,以提高装备需求论证的科学化和规范化水平;杨峰等以制造模式演化为参照系,提出了装备论证的机械化与信息化,试图从论证流程、论证资源、论证管理等方面提供工程化的方法与手段。

第2章 装备需求论证理论与方法

科学的理论与方法是指导指挥信息系统需求研究的重要基础,也是决定指挥信息系统需求研究成败的重要因素。本章主要介绍装备需求论证的基本理论和主要方法,为有针对性地开展指挥信息系统需求论证与评估奠定理论基础。

2.1 基本理论

基本理论主要介绍装备需求论证的分类、内容、特征、挑战及其发展趋势。

2.1.1 基本分类

通常,根据装备需求论证目的的不同,可将装备需求论证区分为发展战略需求论证、体制需求论证、规划计划需求论证、研制立项需求论证、研制总要求需求论证、专题需求论证和专项需求论证。发展战略需求论证预测性强,主要包括国家安全形势分析、军事威胁分析、未来作战特征分析和装备能力需求分析等内容;体制需求论证是在发展战略需求的基础上,重点研究未来10~15年内的国家安全形势、军事威胁、兵力结构与作战样式、作战任务及能力需求等内容;规划计划需求论证以体制需求为基础,重点研究未来5~10年的国家安全形势、作战环境、作战任务及作战能力需求,要能够有效处理需要与可能、当前与长远、数量与质量、局部与全局、重点与一般的关系,满足重点方向、重点部队和应急作战部队的装备建设需求。装备型号需求论证是以遂行多样化使命任务为目标,重点研究装备型号的潜在威胁、战场环境、作战任务、作战能力和作战性能指标要求。

根据描述对象复杂程度的不同,装备需求论证区分为装备体系需求论证和装备型号需求论证。装备体系需求论证,是从宏观层面描述未来战争对各军兵种武器装备品种、数量、功能、能力的要求及条件的论证;装备型号需求论证,是从微观个体层面描述未来战争对单个装备型号功能、能力和作战性能的要求及条件的论证。

根据装备需求论证的分类,可构建如图2-1所示的装备需求论证分类关系。

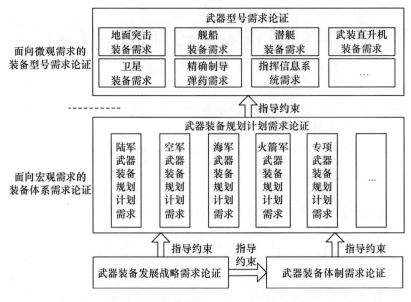

图2-1 装备需求论证分类及其相互关系

根据装备需求论证的层次关系,由宏观到微观依次展开包括装备发展战略、装备体制、装备规划计划和装备型号需求论证等,整个过程就囊括了装备体系需求和装备型号需求的论证。

1. 装备发展战略需求论证

装备发展战略是全面谋划装备发展的方略,是围绕装备发展方向重大问题进行的高层次、超前性、整体性谋划研究。高层次是指从战略全局的高度,超前性一般应预测未来15~20年的时间范围,整体性是指提出装备发展的总体思路、方向重点、体系构成等。

装备发展战略需求论证的基本要素有:需求分析、威胁分析、作战任务和能力需求分析、装备现状分析、新型装备发展趋势、装备发展需求构想、装备发展战略目标、装备发展战略重点、发展战略综合评估。

2. 装备体制需求论证

装备体制主要规范拟列编装备的种类、型号、作战使命、主要性能指标、编配对象、配套和替代关系等。从某种意义上讲,装备体制就是装备体系的制度化、规范化,种类、型号代表体系要素,作战使命和主要性能指标表征水平和能力,编配和配套表征体系结构和内在联系,替代关系表明动态发展。

装备体制需求论证的基本要素有：作战需求分析、装备体制现状分析、装备体制发展需求构想、拟制装备体制方案、装备体制综合评估。

3. 装备规划计划需求论证

装备规划计划是装备发展战略和装备体制的全面展开、深化和具体化，是在一定条件约束下，通过合理安排资源，使装备发展整体效果最佳。规划计划论证，就是运用科学手段与方法，依托现有条件，准确预测未来，确定装备建设的思路、目标和分阶段建设任务，提出具体的发展步骤、型号项目和经费投入需求方案。规划计划论证的核心是对所有型号项目的整体筹划，同时对每个项目的使命任务、功能定位、战术技术特征等有概括性描述，并安排项目实施的经费支撑和时间周期。

装备规划计划需求论证的基本要素有：需求分析、规划计划执行情况及现状分析、规划计划论证的指导思想、规划计划目标和重点、拟制规划计划方案、方案综合评估。

4. 装备型号需求论证

装备型号需求论证是在装备宏观发展决策确定的前提下，对列入装备体制和规划计划的每一个型号项目进行的具体论证，论证成果成为项目研制的依据。根据型号管理规定，型号论证又包括装备研制立项综合论证和研制总要求论证，前者是项目立项的依据，后者是装备设计定型的依据。

装备型号需求论证的基本要素有：作战使用需求分析、现状分析、编配设想、主要作战使用性能要求、装备系统组成和技术方案、效能评估。

5. 专题需求论证

专题需求论证包括的类型比较多，通常在上述类型中包含不了的项目基本上都可归纳为这种类型的论证。例如，现代化改造论证，引进论证，报废、退役及降级使用论证，军选民品论证等。

6. 不同需求论证间的关系

宏观论证从内容上看大体类似，均包含需求分析（威胁、使命任务、现状等）、拟制需求方案和对方案进行综合评估3个组成部分。但不同类型的论证在层次、重点、成果形式等方面均不同。发展战略层次最高，看得更远，主要确定发展方向和重点；装备体制重点确定装备整体结构及关系；规划计划是具体执行方案。预测时间由远到近，约束条件逐步明确，认识逐步深化，思路逐步清晰。型号需求论证是对某个型号系统进行的专项论证，以确定其战术技术指标和总体技术方案，从而作为研制定型的依据。由此说明需求论证是一个由笼统到具体、由模糊到清晰、由务虚到务实的反复迭代、逐次递进的过程。几种需求论证之间的关系如表2－1所列。

表2－1　几种需求论证的比较表

	特点	作用	内容	论证方法	论证模型
装备发展战略需求论证	前瞻性 预测性 全局性	是装备发展的总方略，是最高层次的顶层设计，具有宏观指导作用	战略思想和战略目标，发展方向重点	定性分析、预测法	低分辨率模型
装备体制需求论证	整体性 配套性 动态性	是装备体系的制度化和规范化，是装备发展的基本依据	装备整体结构、品种系列、编配配套关系、替代关系	定性定量相结合	低分辨率模型
装备规划计划需求论证	整体性 协调性 阶段性	是近期装备发展的总体安排，是在一定资源条件支撑下的实施方案	所有项目的具体任务、功能定位、战术技术特征等	定性定量相结合	低分辨率模型
装备型号需求论证	系统性 先进性 可行性	是军事需求物化为装备需求的落脚点，是战术与技术结合的统一体，是装备研制和定型的依据	主要作战使用性能和战术技术指标，装备系统组成和技术方案	定性定量相结合	高分辨率模型

2.1.2　主要内容

虽然装备体系需求论证与装备型号需求论证的侧重点具有明显不同，但是由于武器装备的体系化发展要求装备型号需求论证必须在装备体系背景下开展论证，因此可以认为装备体系需求论证和装备型号需求论证在论证内容范围上具有高度的统一性，装备体系需求论证的内容包含装备型号需求论证的内容，但是装备型号需求论证的内容将比装备体系需求论证的内容更加详细和具体。而且，装备体系需求论证的内容，因装备论证类型的不同，在发展战略论证、体制论证、规划计划论证等中的侧重点也有明显不同。

装备需求论证要求装备论证人员不仅要提出装备需求方案，更要科学分析装备的多样化使命任务需求和作战能力需求，并建立装备需求与使命任务需求、作战能力需求的有机联系，实现使命任务需求、作战能力需求和装备体系需求的有机统一。装备需求论证的主要内容包括作战概念设计、作战任务需求分析、作战能力需求分析、装备系统需求生成和需求验证与评估5个方面。

（1）作战概念设计。作战概念设计，是围绕未来作战对武器装备的使命定位，以完成多样化使命任务为目标，以作战理论和装备技术创新为手段，创新武器装备的作战运用方式，提出未来战争中武器装备的作战使用模式和基本要求，是描述未来武器装备能打"什么样的仗"的问题。

(2) 作战任务需求分析。以武器装备作战概念为依据,明确提出完成各种使命任务的力量编组、作战运用方式及其主要任务,提出装备作战任务清单,形成装备作战任务需求。

(3) 作战能力需求分析。以装备作战概念为牵引,以体系整体能力为目标,研究武器装备的作战能力组成及其相互关系,并通过作战任务与作战能力的关联映射,明确武器装备的作战能力需求和能力需求重点,进而提出武器装备作战能力需求。

(4) 装备系统需求生成。以使命任务需求和作战能力需求为牵引,研究武器装备系统的功能要求、结构组合、规模数量和作战使用性能需求,提出武器装备系统需求方案。装备系统需求分为装备体系需求和装备型号需求两类。

(5) 需求验证与评估。以装备需求方案满足度评估为重点,兼顾作战能力评估、作战效能评估和结构评估,研究装备需求方案对使命任务需求和作战能力需求的满足程度,进而为调整优化和择优选择装备需求方案提供依据。

作战概念、作战任务需求、作战能力需求、装备系统需求和需求验证与评估是装备需求论证的主要内容,其关系如图 2-2 所示。

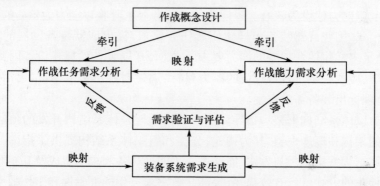

图 2-2 装备需求论证内容及其关系

2.1.3 典型特征

装备需求论证是装备论证的首要环节,是着眼于未来战争发展规律和国家安全威胁对武器装备发展提出的作战要求,是指导装备论证其他环节的重要依据,也是引领装备发展方向的重要依据,在武器装备发展建设中具有不可替代的作用。由于装备需求论证的这种独特作用,在装备论证实践中,装备需求论证具有如下突出特征。

(1) 以作战需求为牵引。装备需求论证必须紧紧围绕武器装备的作战要求展开。作战需求和技术进步是推动装备更新换代的两大主要驱动因素,作战需求以其对武器装备发展方向的指引性和需要性,在推动装备发展中往往处于主动地位,是推动装备发展的主动因素。特别是,在当前世界安全形势变幻莫测的形势下,非传统威胁和传统威胁的灵活变化,对处于相对和平时期的装备发展建设提出了更高、更全面、更灵活的要求。研究未来军事威胁的发展趋势和主要特征,以适应未来应对各种作战威胁为牵引,加强装备发展的作战需求研究,是推动装备体系化及其科学发展的必由之路。

(2) 以满足多样化使命任务要求为目标。由于未来威胁的多样性和多变性,面向威胁发展武器装备必然会形成一大批功能单一的装备系统,这些装备不仅使用有限而且浪费了大量的经费和精力,费效比低。而以不变应万变,以不变的武器装备体系应对多样化的使命任务挑战,将是未来武器装备建设发展的主要方向。以武器装备体系为基础,根据使命任务要求的不同,按照武器装备的功能组合关系,科学编组武器装备力量,合理设计武器装备作战运用方式,是应对多样化使命任务挑战的必然选择。因此,装备需求论证,要着眼于完成未来多样化使命任务,从科学预测多样化使命任务的共同规律和要求入手,合理提出装备需求方案。

(3) 以能力建设为核心。多样化使命任务要求呼唤以能力为核心的装备发展建设模式,围绕武器装备多样化使命任务要求,提出武器装备发展的能力要求,以满足多样化使命任务的能力要求为依据,开展装备发展建设。因此,装备需求论证,应紧密结合装备建设的能力目标,通过对武器装备丰富、灵活的能力分析,合理提出装备需求方案。

(4) 以体系结构框架为指导。体系结构框架是体系结构开发的顶层的、内容全面的架构和概念模型,其为构建、分类和组织体系结构提供了指南与规则。采用体系结构框架思想与方法,能够进一步明确装备需求的组成及其相互关系,并以结构化的方式进行有效描述,提高装备需求产生的准确性和工作效率,进而提高装备需求可信度。随着体系结构框架思想和方法在我国装备需求论证领域的进一步理解和推广应用,体系结构框架思想正在逐步成为国内外装备需求论证的主要指导思想。

(5) 以反复迭代为基本规律。装备需求论证的相关研究内容在发展战略需求论证、体制需求论证、规划计划需求论证、型号需求论证、专项需求论证与专题需求论证中的要求不同,但总体上呈现出逐步细化、求精、反复迭代的规律。通常,在发展战略需求论证中,装备需求还比较模糊,装备概念尚难以清晰描述,装备作战性能指标还比较粗略;而在体制需求论证、型号需求论证、专项需求论证和专题需求论证中,装备需求逐步清晰,装备作战性能指标要求也从粗到精,能够比较准确地描述出未来战争对武器装备发展的根本要求。

2.1.4 面临挑战

当前世界安全形势总体比较稳定,但是潜在的安全威胁和军事冲突依然层出不穷,军事威胁的不确定性与作战对抗的随机性,进一步增强了装备需求论证的紧迫性和难度,也为装备需求论证提出了新的挑战。

1. 论证对象的复杂性

当前装备需求论证是面向装备体系的论证,装备体系结构、交互、功能高度集成与协同,呈现出典型的复杂系统特征,是装备需求论证复杂性的根本原因。

(1) 体系结构的复杂性。结构复杂性是装备体系复杂性的最显著特征:一是功能与结构随战争形态和作战使命的变化而变化,具有明显的多样性和柔性;二是可形成不同的核心子网络和网络关键节点,具有鲜明的层次性和网络性特征;三是结构的任意改变,都会引起体系组分交互的剧烈改变。

(2) 体系演化的复杂性。装备体系演化源于两种动力:一是由装备体系发展目标、国防工业技术和指挥训练思想的变化引起的"内生"动力;二是由体系对抗引起的装备体系自我适应和自我调整的"外生"动力,目的是适应作战对抗需要,圆满完成作战使命。但是作为开放的复杂系统,装备体系功能与结构的演化过程充满了未知与不确定性,增加了装备需求论证的复杂性。

(3) 体系行为的复杂性。体系行为复杂性是体系结构复杂性与演化复杂性的必然结果,是装备体系能动性的集中体现。一旦装备体系所处的环境、条件、对手发生改变,装备体系必然要做出调整和改变,并以崭新的运行机制和功能形态作用于外界系统,从而迸发出新的能力,而这种新的运行机制和功能形态并非事先都可以假定和设计。

(4) 信息要素的倍增性。现代战争中信息流成为主导物质流和能量流的第一要素,信息优势成为夺取作战胜利的关键。体系节点以信息终端的形式,充分发挥信息收集、处理、传递和使用能力,通过战场全局的信息融合,以战场信息的"精、准、快"辅助指挥员快速下定决心并采取恰当的作战行动实现决心,从而实现"观察—决策—打击"一体化,大大提高作战效率和效果,实现装备体系作战能力的倍增。

2. 论证活动的复杂性

装备需求论证是多专家、多领域、多过程、多方法和多手段的综合集成,包括人的智慧和物的开发条件的结合,人的理论认识和实践经验的结合,不同类型、不同经历、不同领域专家的结合,定性分析与定量分析的结合,自然科学与军事科学的结合,宏观分析与微观分析的结合,实证研究与规范研究的结合,理性认识与感性认识的结合等。武器装备体系需求开发的综合集成性是复杂性的集中体现,因此,可从方法维、知识维、过程维和目标维4个方面深入分析,基本框架如图2-3所示。

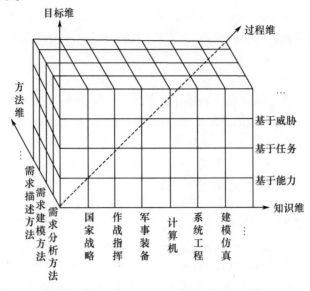

图2-3 装备需求论证复杂性分析框架

(1) 论证目标的多样性。"基于能力"是当前装备需求论证的最主要目标,但并非唯一目标。因为未来世界面临的非传统威胁多于传统威胁,如国际恐怖分子的非常规活动、网络攻击、网络电磁空间战等。为应对非传统威胁,"基于威胁"或"基于特定任务"的需求开发目标,无疑还是能够快速形成需求开发目标的最有效方式之一。因此,装备需求论证,要能够适应不同论证目标的需要,合理确定论证内容,科学运用各种开发方法和手段,具备同时满足多种论证目标的能力。

(2) 论证方法的集成性。装备需求论证是基于多视图的系统工程,研究领域涉及作战、能力、装备、技术、使用等领域,不同领域研究问题的角度差异较大,需求分析、描述、建模与验证的方法各不相同。为实现装备需求论证目标的统一和论证过程的有效融合,必须明确装备需求论证的流程及其论证方法和数据需求,构建以模型和数据为核心的论证方法体系,才能有效提高装备需求论证的可理解性和质量。

(3) 论证过程的交互性。以模型和数据为核心的装备需求论证,更加强调多领域专家的协同工作,突出需求论证数据的交互和共享,较之传统的"各自为战"的论证模式,装备需求论证显得更加复杂。而且由于相关研究工作的滞后,论证过程的大量交互严重制约着装备需求论证的效率,主要表现在:一方面,由于当前这种开发模式还不成熟,论证环节还不统一,论证内容和标准还不准确,环节功能还不一致,论证过程随意性还比较大,为实施科学、规范、统一的装备需求论证增加了困难;另一方面,通过映射分析可将作战体系分析、能力体系分析和装备体系分析的不同环节关联起来,但是环节之间功能互存,信息流和控制流交织,在装备需求论证过程中要统筹不同环节之间的论证目标和信息需求、保证过程的合理性和信息的一致性等方面还缺乏必要的方法和手段。

(4) 领域知识的融合性。装备需求论证是多学科交叉融合的系统工程,是由不同领域专家协同实施的创造性工作。要求不同领域专家既能够按照论证目标要求尽可能地将领域问题描述清楚,还需要能够针对领域之间的交叉和重叠互相理解,并找到一种可共同理解的表达方式,实现不同领域间工作的融合和知识的融合,从而保证装备需求论证的目标。

2.1.5 发展趋势

在当前和未来一段时期内,装备需求论证将主要呈现出以下发展趋势。

1. 基于能力将成为未来装备需求论证的主要指导思想

在不同的历史时期,随着人们对军事威胁及装备发展建设规律认识的不断深入,装备需求论证的指导思想发生了较大变化,先后涌现了"基于威胁""基于效果""基于全寿命周期""基于能力"等多种装备需求论证指导思想,成为某一特定时期或者某些特殊类型装备需求论证的基本指导思想。"基于能力"思想是美军在2003年军事转型中提出的部队建设理念,其重新诠释了军事威胁与部队建设目标之间的辩证关系,它也成为当前指导武器装备需求论证的最主要的指导思想,西方多个军事强国均继承并发扬了"基于能力"的装备需求论证思想。我国装备论证界也逐步接受了这种思想,并在近年来的部分重大装备论证中实践了这一思想。

"基于能力"思想是在继承"基于威胁""基于效果""基于全寿命周期"思想基础上的全新发展,其综合考虑军事威胁、作战效果和装备全寿命运用的整体能力要求,研究重点已从原来关注"敌人是谁,战争会在何时、何地发生",转而关注"战争将以何种方式进行",是从基于威胁向基于能力的转变,是从传统的单一装备论证转向聚焦装备体系整体能力论证。它着眼于提高武器装备体系的整体作战能力,且可以应对多样化的常规战争威胁和非常规威胁,它更加注重长远军事能力的建设,体现了其更高的前瞻性,它符合一体化联合作战对装备发展的基本要求,使得装备需求论证逻辑更加科学合理。

2. 体系背景下的装备需求研究将成为未来装备需求论证的基本着眼点

现代战争是信息化条件下的多军兵种武器装备联合作战,其强调多种武器装备的有机融合和相互支撑,以武器装备体系的整体优势取得作战优势。装备需求论证必然要着眼于武器装备的体系化应用与发展,以武器装备体系作战为基本着眼点,加强武器装备体系顶层研究与设计,统筹考虑各军兵种武器装备的种类、功能、数量与比例。即使开展装备型号需求论证,依然要将其放置在体系作战的背景下进行研究,才能科学定位装备型号在装备体系整体中的地位作用和使命任务,有机协调装备型号与其他装备之间的交互方式和信息关系,合理提出装备型号的需求方案。

3. 定性与定量相结合将成为未来装备需求论证的基本方法论

以定性分析为基础,倚重定量分析模型,突出定量分析结果对装备需求论证结果合理性和置信度的决定作用,是当前装备需求论证方法论领域的重要特征。装备需求本质上反映的是装备在作战对抗过程中完成任务的要求,只有充分分析装备作战运用的动态关系和数量需求,才能比较准确地确定特定使命任务要求下的装备需求。而且,随着仿真实验系统在装备需求方案验证与优化中的扩大应用,通过模型模拟装备的战术技术性能指标及其作战运用过程将成为验证和优化装备需求方案的主要方式。这都要求装备需求论证时采用更加多样的定量分析方法,能够从武器装备的战术技术指标取值、装备数量、装备比例、装备种类等方面进行定量化的分析与判断。

4. 装备需求联合论证将成为未来装备需求论证创新的重要方向

多学科交叉融合是现代装备需求论证的基本特征,多学科专家协同将是创新装备需求论证成果的重要基础。由于长期以来我国装备需求论证机构与任务的军兵种"烟囱式"条块管理模式,导致我国装备需求论证力量与资源相对比较分散,任何一家装备论证机构都无法独立完成装备体系或装备型号的论证任务,都需要有机协调作战与装备、装备与技术、技术与经济等领域之间以及兵种之间的相关资源和论证能力。装备需求联合论证将在体系作战牵引下,以装备体系需求论证为基本出发点,有机融合全军装备需求论证优势资源,合理区分各军兵种装备论证机构的论证任务,协同开展装备需求论证。

5. 装备需求论证工程化将成为未来装备需求论证的主要组织实施方式

随着装备需求论证理论与方法的不断完善,装备需求论证平台建设需求日益强烈,借鉴工程化的实施模式和经验开展装备需求论证,成为当前装备需求论证领域普遍的呼声。基于系统过程理论科学组织装备需求论证过程,基于信息技术构建流程规范、接口清晰、责任明确、成果结构化的装备需求论证支撑环境,利用支撑环境组织和规范装备需求论证实践,推动装备需求论证的标准化和科学化,提高装备需求论证的科学化和高效化,是装备需求论证工程化的主要目标,也是未来装备需求论证实施方式的主要模式。

2.2 基本方法

装备需求论证是极为复杂的思维过程,它有自身的运作流程和操作方法。要想获得正确的需求,不但要有科学的模式、完善的机制和规范的程序,必须还要有科学、有效的方法。

2.2.1 系统分析方法

系统分析法以系统思想为指导,将论证对象作为一个系统来处理,着重分析对象系统的结构、功能、环境及其相互间的作用,以达到对象系统的深入了解。在装备论证过程中,系统分析方法常被用来进行系统备选方案的生成及优化。其主要包括结构分析法,系统动力学、系统可靠性分析法,效能分析法和灰色系统分析法。

2.2.2 预测分析方法

预测分析法是以统计学原理为基础,根据某一事物及其相关事物的发展历史和当前状况,推断该事物未来发展趋势的一种方法,其主要用于武器装备论证中的军事需求分析、技术发展趋势分析、可能的投资预测分析、备选方案使用效果的前景分析等。其主要包括德尔菲法、类推法、趋势外推法、指数平滑法和回归分析法等。

2.2.3 运筹分析方法

运筹分析法针对武器装备发展规划与计划的论证内容,以运筹学中的各种数学模型为基础,分析有关规划与计划中的资源分配比例、关键路径的调整,以及各要素间的定量关系等问题。其主要包括线性规划、目标规划、非线性规划、动态规划、网络分析、排队论、存储论和对策论等。

2.2.4 技术经济分析方法

技术经济分析法以武器装备论证中对象系统的经济特性分析为核心,运用技术经济学的原理,着重分析对象系统的经济可行性,武器装备发展项目的投资强度,以及对象系统的寿命周期费用评估等。其主要包括项目投资分析法、寿命周期费用评估法和价值工程分析法等。

2.2.5 决策分析方法

决策分析法以多准则(或多目标)分析方法为主体,着重对多个备选方案进行评估与选优,用于武器装备论证后期所必须进行的方案评价选择阶段。其主要包括效用函数法、决策树法、层次分析法和方案排序法等。

2.2.6 逻辑分析方法

逻辑分析法从大量的实践或观察材料中得到的感性认识,形成概念,上升为理性认识,以获得定性分析的结论,通常采用形式逻辑、辩证逻辑、数理逻辑等思维方式进行推理与判断来分析问题,主要解决武器装备论证中需要推断与证明的问题。其主要包括比较—分类法、分析—综合法和归纳—演绎法等。

2.2.7 仿真实验方法

随着仿真技术的不断发展和仿真可信度的逐步提高,仿真实验已经逐步成为装备需求论证的主要方式。在特定的作战背景下,以交战双方的体系对抗为手段,开展探索性分析实验,研究武器装备体系的力量构成及其数量关系,分析武器装备作战性能指标的优劣。仿真实验方法本质上是一种方案验证和优化方法,比较适宜于对装备需求初步方案的验证与优化,通过武器装备作战运用过程的动态模拟,能够比较准确地反映装备需求的动态变化情况,从而优化武器装备的体系结构及其作战性能指标。

2.2.8 综合集成方法

综合集成方法是将专家群体、各种数据和信息与计算机技术有机结合起来,把各种学科的科学理论和人的经验知识结合起来,构成一个高度智能化的人机结合系统。该方法的成功应用得益于发挥整体优势和综合优势,它能把人的思维、思维的成果经验、知识、指挥以及各种情报资料和信息统统集成起来,从多方面的定性认识上升到定量认识。综合集成方法从定性综合集成提出经验性假设和判断的定性描述,到定性定量相结合综合集成得到定量描述,再到从定性到定量综合集成获得定量的科学结论,实现了从经验性的定性认识上升到科学的定量认识,其基本过程如图2-4所示。

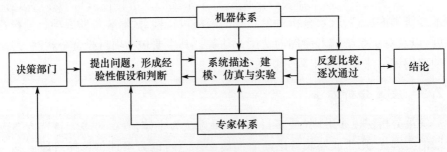

图2-4 综合集成方法的应用过程

2.3 基于类比的装备需求论证方法

借鉴其他武器装备体系发展的经验得失,结合本国国情提出武器装备体系方案,一直以来都是进行武器装备发展研究的重要方法,并在世界各国武器装备发展中起到了重要作用。

2.3.1 基本原理

类比是基于相似性理论,采用由此及彼的逻辑推理方式,根据源领域或系统与目标领域或系统的结构组成、关系模式和属性特征等因素的相似程度,由源领域或系统所具有的特殊性质推论出目标领域或系统也应具有相应的特殊性质,即"同类原因必有同类结果"。

基于类比的装备需求分析,是以同类型可类比的源装备建设及运用经验为基础,围绕待求解的目标装备的建设目标与背景,根据目标装备与源装备在关键可类比特征上的相似程度,由源装备的结构、功能与数量等特征提出目标装备的结构、功能与数量等特征。

基于类比的装备需求论证具有如下显著特征:

(1)同类事物普遍规律类比。类比推理,反映了自然界中同类事物具有相同或相似特征的普遍规律,是进行由特殊到一般的归纳推理的有效方法,是对具有相同结构、特征或功能的事物的共同特征的抽象与比较。以陆军空中突击部队建设为例,其装备编配方案也必然要基本服从于世界上大多数国家陆军空中突击部队装备编配的一般规律。因此,可利用经验类比分析方法,在陆军空中突击部队装备编配分析中,着重从陆军空中突击部队与其他国家军队陆军空中突击部队的共同特征出发,总结出陆军空中突击部队装备建设的共同规律,并以此为基础提出陆军空中突击部队的装备编配总体方案。

(2)同类事物局部特征相似映射。类比推理,是根据同类事物中的部分特征的相似性,推导出它们的其他特征的相似性,是典型的由此及彼推理模式。但是,类比推理是典型的部分与部分的关系,它既不能从事物整体推导出事物的部分,也不能由事物的部分推导出事物的整体。以陆军空中突击部队建设为例,其装备编配分析的目的,也是利用陆军空中突击部队使命任务、作战运用、力量要素等特征的相似性,根据其他国家军队比较接近的陆军空中突击部队装备建设经验,推导出陆军空中突击部队装备编配的结构方案,是从其他国家已建成的陆军空中突击部队的部分相似特征,推导出待建陆军空中突击部队的部分特征(装备编配)。

(3)相似度越高推论越接近实际。类比推理,是由已知推未知,由于对未知事物的认知不够全面深刻,即使在推理之前将未知事物与已知事物归结为同类,也不能从根本上保证已知事物与未知事物必然是同类,因此,根据已知推导出未知的方法,存在着天然的逻辑缺陷。这就要求在进行类比推理时,首先要通过对已知事物和未知事物尽可能全面、深入的分析,研究已知事物与未知事物的共同特征和规律,并在此基础上寻找已知事物与未知事物之间的相似性规律,相似度越高,由已知推导的未知结论才有可能越接近于实际情况。

虽然基于类比的装备需求分析方法能够有效指导如何提出装备需求方案,但是由于类比推理天然的"表面"定性分析特性,导致该方法在使用时应注意以下问题:

(1) 由表推表,易忽视事物发展的本质规律。类比推理是根据两类事物部分特征的相似性,由一事物的其他部分特征推导出另一事物的其他部分特征的分析方法。在确定事物相似特征时,既可能将反映两类事物本质规律的特征作为候选相似性比较特征,也有可能将非本质性特征作为候选相似性比较特征。而且由于受限于人们的认知能力和对事物的了解程度,候选相似性比较特征往往是人们易于发现的事物外在特征和内部机理,而对于较难发现的事物特征与机理往往反映不够。因此,基于类比推理方法,既可能是对两类事物本质属性特征的类比,也有可能是对两类事物非本质特征的类比;事物本质特征的类比,类比结果往往可信度较高;事物非本质特征的类比,类比结果可信度较低甚至违背人们的认知常识和事物发展的基本规律。

(2) 以经验认知的定性分析为主,定量计算较少。类比推理方法,是认知领域发展起来的分析方法,主要依靠分析人员的知识储备、分析经验和对研究对象的认知程度,通过逻辑分析由一事物推出另一事物,在概念创新、理论分析和科学构想提出等方面具有较大的优势,但是对于以结构、关系、数量、指标等内容分析为主的装备编配分析而言,仅仅依靠定量分析还不够,还需要增加相应的定量分析手段,增强类比分析结果计算的科学性和合理性。

(3) 以特征形式比较为主,缺乏严密的逻辑推理。类比推理是以经验为基础的推理方式,虽然可以通过对两类事物特征的抽取、分析、映射,但是往往局限于对这些特征的相似性对比分析,容易忽略对两类事物整体规律以及局部特征对整体规律的影响等方面进行系统、严密的分析,分析过程和分析结果缺乏严密的逻辑推理与验证。即使推理结论正确,也不能合理解释推理得到的部分特征对事物整体性规律的作用意义。

2.3.2 分析框架

基于类比的装备需求论证方法分析框架如图2-5所示。

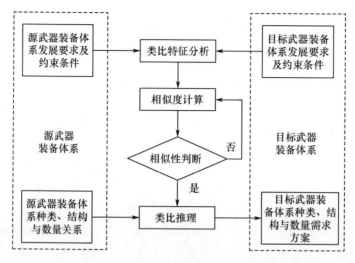

图2-5 分析框架

（1）类比特征分析。类比特征是指影响装备发展的相关要求及约束条件，通常根据装备的自身属性特征及军队发展建设要求提出。对初步筛选确定的类比特征进行深入分析，明确各项可选相似特征的基本内涵和量化指标，分析各项可选相似特征对构建装备体系的因果关系和贡献度，按照各类相似特征的贡献程度大小提出可用于类比分析的相似特征集合，并确定各相似特征的重要度排序。

（2）类比特征相似度计算。相似度计算是装备类比分析的关键，也是进行类比推理的基础。它通过采用合适的算法，计算可类比的装备之间的相似度，并将相似度大小作为判定装备是否相似的主要依据。通常，相似度越高，类比推理的装备方案越合理；反之，相似度越低，推理难度越大，推理结果越不合理。

（3）类比推理。考虑可类比装备发展的差异性特征，以源装备种类、结构与数量关系为基础，提出目标装备的种类、结构与数量需求方案，并经过反复迭代优化，最终形成目标装备需求方案。

2.3.3 模型与算法设计

2.3.3.1 类比模型构建

设源装备和目标装备分别为 s_0、s_i，类比特征集合为 $P=\{p_1,p_2,\cdots,p_n\}$，各特征对装备的重要度定义为 $W=\{w_1,w_2,\cdots,w_n\}$，则源装备和目标装备的相似度 S 为 $S=f\{(s_0,s_i),P,W\}$。

理论上，在确定类比对象可类比的情况下，一旦由部分特征确定了装备的相

似度 S,则必能由此推导出目标装备的其余特征取值。但是,由于各特征对装备的重要程度不同,通常若已知特征的重要度较高,则推导出的重要度较低的特征取值具有较高的可信度;反之,则可信度较低。因此,在装备类比分析时,应尽可能在确定装备部分重要特征的前提下进行类比推理,提高类比分析结果的可信度。

2.3.3.2 类比特征选择

用于类比分析的特征,应是对装备本质规律具有影响的主要特征。部分或全部特征的变化,将引起装备本质规律发生明显变化。通过对装备发展建设影响因素的综合分析,经过反复筛选,能够确定对装备本质规律具有较大影响的因素主要包括军队规模、作战理论、编制体制、使命任务、作战运用、装备规模、装备结构、装备现状、经济实力、工业技术水平 10 项特征,作为确定装备类比分析的相似特征,记为 $P = \{p_1, p_2, \cdots, p_{10}\}$。

(1) 军队规模 p_1。军队规模是国家总体军事实力的象征,其着重研究军队实力规模、军兵种实力规模、军兵种实力比例、军兵种地位作用等内容。根据军队总体规模与国家实力的关系,将军队规模定义为规模大、规模适度、规模偏小 3 类,分别用 1、2、3 表示。

(2) 作战理论 p_2。作战理论是装备体系建设的重要依据,其着重研究作战理论对装备体系作战运用方式的影响。根据军队作战理论的发展完善程度,可将作战理论定义为相对成熟、快速发展、不成熟 3 类,分别用 1、2、3 表示。

(3) 编制体制 p_3。编制体制是装备体系及其部队编配使用的制度化设计,其着重研究军队编制体制对同类装备体系的总体规划与设计。根据编制体制对装备体系发展的制约程度,可将编制体制定义为严格限制和相对灵活两类,分别用 1、2 表示。

(4) 使命任务 p_4。使命任务是装备建设的主要依据,其着重研究装备体系在整个装备体系中的地位作用、典型任务特征和多样化任务需求。以该类型装备体系使命任务的理想需求为标准,判定各国同类型装备体系的使命任务范围和要素组成情况,可定义为理想、较理想、一般、不太理想、不理想 5 类,分别用 1、2、3、4、5 表示。

(5) 作战运用 p_5。作战运用是合理确定装备体系编组的关键,其着重研究装备体系的作战运用方式及其编组方式。综合归纳该类型装备体系各种典型作战运用方式,提出作战运用方式集合;将某装备体系的作战运用方式数量与全部作战运用方式数量之比作为衡量作战运用水平的依据,取值范围为[0,1]。

(6) 装备规模 p_6。部队规模是对装备体系完成使命任务的数量总要求,其着重研究装备体系使命任务、作战运用和部队规模等因素之间的辩证关系。部队规模表示为军、师、旅、团、营、连、排7类,分别用1、2、3、4、5、6、7表示。

(7) 装备结构 p_7。装备结构是作战运用方式在装备体系中的具体体现,其着重研究作战理念、作战运用方式对装备体系结构构成的影响。装备结构以装备体系中的各类装备及其数量比例来表示,以陆军装备体系为例,主要包括主战装备与保障装备之比、主战装备与信息装备之比、突击装备与压制装备之比、直升机装备与地面装备之比等。

(8) 装备现状 p_8。装备现状是装备体系建设的基础,其着重研究装备体系的能力需求、能力现状和能力差距。根据不同国家装备发展的整体水平,将装备现状定义为先进、一般、较差3类,分别用1、2、3表示。

(9) 经济实力 p_9。经济实力是国防现代化建设的基础,其着重研究国家经济实力水平以及对装备体系规模、结构和装备战术技术性能水平的制约情况。根据各国经济发展水平及其经济总量,将经济实力定义为较强、一般、较弱3类,分别用1、2、3表示。

(10) 工业技术水平 p_{10}。工业技术水平是形成军事潜力的基础和前提,其着重研究影响装备体系发展的关键技术及其应用情况。根据各国工业技术创新能力和工业技术发展现状,将工业技术水平定义为先进、一般、较差3类,分别用1、2、3表示。

通过分析,发现可将这10项相似特征进一步区分为装备发展的制约因素和自身属性两类。其中,军队规模、作战理论、编制体制、装备现状、经济实力、工业技术水平6项特征为装备发展的制约因素,各项特征的取值变化,将影响装备的构建结果,但一般难以从本质上改变装备的本质上要求;使命任务、作战运用、部队规模和装备结构等4项特征为装备发展的自身属性特征,是影响装备本质规律的基本特征,各项特征的取值变化,对装备构建具有重要影响。

2.3.3.3 相似度算法设计

装备类比分析相似度计算,应满足以下两个条件:一是必须存在至少一个自身属性为已知属性;二是源装备与目标装备的相似度尽可能大。

1. 结构相似度计算

结构相似度,即已知的可类比的有效属性数量与可类比的全部属性数量之比,可表示为

$$T(s_0, s_i) = \begin{cases} 0, & l = 0 \\ k/(l+k), & l > 0, k \geq 0, l+k \leq n \end{cases}$$

式中:s_0 为目标装备;s_i 为第 i 个源装备;l 为可类比特征中已知自身属性的有效数量;k 为可类比特征中已知约束因素的有效数量;n 为可类比特征的总数量。

2. 特征相似度计算

特征相似度,即对已知的可类比特征进行相似度计算,采用灰色关联分析方法计算。

首先,计算单个特征的相似度,则可将 s_0 的第 k 个特征 $s_0(k)$ 与 s_i 的第 k 个特征 $s_i(k)$ 的相似度表示为

$$G_d = (s_0(k), s_i(k)) = \frac{1}{G_c(s_0(k), s_i(k))} - 1$$

式中:$G_c(s_0(k), s_i(k))$ 为 s_0 与 s_i 在特征向量的第 k 个特征上的关联系数,表示为

$$G_c(s_0(k), s_i(k)) = \frac{\min_i\min_k[w_k|s_0(k) - s_i(k)|] + \xi \max_i\max_k[w_k|s_0(k) - s_i(k)|]}{w_k|s_0(k) - s_i(k)| + \xi \max_i\max_k[w_k|s_0(k) - s_i(k)|]}$$

式中:ξ 为分辨系数,一般取 $\xi = 0.5$;w_k 为特征向量的第 k 个特征的权重,可采用层次分析法确定。

其次,在单个特征相似度计算的基础上,计算 s_0 与 s_i 的全局相似度,表示为

$$G(s_0, s_i) = \frac{1}{1 + \sqrt{\sum_{k=1}^{n} G_d^2(s_0(k), s_1(k))}}$$

3. 综合相似度计算

综合相似度为结构相似度和特征相似度的综合,可表示为

$$S(s_0, s_i) = T(s_0, s_i) \times G(s_0, s_i)$$

2.3.4 实例分析

下面以世界先进国家陆军空中突击部队装备体系为例,验证基于类比的装备体系需求分析方法。

1. 背景分析

美军第 101 空中突击师在海湾战争中风光一时,成为引领陆军部队能力拓展建设的样板,各国相继开展陆军空中突击作战研究并纷纷尝试组建陆军空中突击部队。美国陆军空中突击部队的建设经验和作战实践,为各国建立陆军空中突击部队提供了宝贵的借鉴和建设方向。以美军第 101 突击师为参照,英军组建了第 16 空中突击旅,俄军组建了空中突击旅,尝试遂行陆军空中突击作战任务。美军第 101 空中突击师、英军第 16 空中突击旅、俄军空中突击旅编制的主要装备种类与数量如表 2-2 所列。

表2-2 各国空中突击部队编制情况

	美军第101空中突击师	英军第16空中突击旅	俄军空中突击旅
编制结构	师直属部队、4个空中突击步兵旅、2个航空旅、1个保障旅、1个特战营等	2个伞兵营、1个机降步兵营、1个空中突击步兵营、1个骑炮团、3个陆航飞行联队、1个工兵团、1个空中突击支援团	旅司令部、2个空降突击步兵营（装备有步兵战斗车）、2个空降步兵营、1个合成炮兵营、1个侦察连、1个高炮连、1个工兵连、1个反坦克连、1个卫生连、1个补给连
主要装备	AH-64"阿帕奇"攻击直升机48架、CH-47型运输直升机24架、OH-58型侦察直升机60架、UH-60型通用直升机76架、HH-60型战勤直升机30架、105mm榴弹炮64门、120mm迫击炮16门、81mm迫击炮32门、60mm迫击炮48门、各型反坦克导弹162具	直升机200架左右、各型火炮90门、反坦克导弹发射车84辆、漫游者地面武器平台72辆、多用途攻击车36辆、全地形车44辆	各型直升机166架、步兵战车68辆、122mm牵引榴弹炮18门、地对空导弹发射器45具、23mm高射炮6门、装备反坦克导弹的侦察车9辆、背负式反坦克导弹14枚、73mm重型反坦克火箭筒36具

2. 方案分析

通过对美军第101空中突击师、英军第16空中突击旅和俄军空中突击旅发展需求及其使命定位的全面分析,可以得到美军、英军和俄军陆军空中突击部队在 p_1、p_2、p_3、p_4、p_5、p_8、p_9、p_{10} 八个特征上的取值及其权重,其中 s_1 表示美军第101空中突击师装备体系,s_2 表示俄军陆军空中突击旅装备体系,s_0 表示英军陆军空中突击部队装备体系,如表2-3所列。

表2-3 可类比的已知特征属性取值及其权重

特征	权重	$s_1(k)$	$s_2(k)$	$s_0(k)$
p_1	0.08	2	2	2
p_2	0.11	3	2	3
p_3	0.14	2	2	2
p_4	0.23	1	2	1
p_5	0.19	0.9	0.5	0.75
p_8	0.08	1	2	2
p_9	0.12	1	2	1
p_{10}	0.05	1	1	2

经计算,可得到如表2-4所列的装备体系相似度结果。

表2-4 相似度结果对比分析

	结构相似度	属性相似度	综合相似度
$S(s_0,s_1)$	0.25	0.3789	0.0947
$S(s_0,s_2)$	0.25	0.2983	0.0746

由表2-4可知,英军第16空中突击旅装备体系的发展需求与美军第101空中突击师更加相近,预示着英军第16空中突击旅装备体系的种类、结构、数量将与美军第101空中突击师更加相似,这主要是由英国和俄罗斯与美国军事合作的差异造成的,英军作为美军的同盟军,多次与美军联合协同作战,其作战理念和作战运用方式非常相似,因此其装备体系发展需求与美军差异不大,装备体系的种类、结构、数量也与之具有较高的相似性,这与英军第16空中突击旅和美军第101空中突击师装备体系建设现状基本一致,即装备种类构成和不同类型的装备数量比例基本一致;而俄军作为美军的潜在对手之一,作战理念与美军明显不同,其为固定翼飞机/直升机空地一体作战模式,以空降兵部队为主,不具备独立的立体突击能力,装备种类、数量、比例以满足于空降兵机动突击为目标,装备体系中装备种类及其数量比例关系与美军明显不同。美军、英军、俄军陆军空中突击部队装备体系的装备种类及其数量如表2-5所列。

表2-5 不同装备体系的典型装备种类及数量

类别	美军第101空中突击师		英军第16空中突击旅		俄军空中突击旅	
	数量/架	比例/%	数量/架	比例/%	数量/架	比例/%
武装直升机	88	29	64	32	0	0
运输直升机	154	50	90	45	125	75
战勤直升机	64	21	46	23	41	25

2.4 基于综合微观分析的需求论证方法

2.4.1 综合微观分析方法

系统学领域中的综合微观分析方法(Synthetic Microanalytic Approach,SMA)是欧阳莹之提出的解决复杂性科学的基本方法论。"综合微观分析法"是把系统的描述及其组分的描述想象成一个不同的二维概念平面,然后开辟一个三维的概念空间,既包含微观平面,又包含宏观平面,并希望通过填补两者之间的空白达到合并两者的目的。"综合分析"是把分析和综合看成一个过程中的单独步骤,在这个过程中综合既出现在分析之前,也出现在分析之后。"微观分析"是把系统中拥有不同尺度的部分作为研究的对象。综合微观分析不是从微观概念进行演绎,而是用宏观概念之网去捕获与宏观现象解释相关的微观信息。

简单地说就是在对事物进行研究时,把整体分解为部分,宏观综合是指在对系统或整体进行了"庖丁解牛"式的微观分解之后,为了获得对事物或系统的整体理解,再将微观的局部、子系统或要素分析串连、整合起来,以获得宏观系统的性质,也就是说,宏观综合是指利用微观还原分析的方法,达到对部分的充分认识,获得关于部分的足够知识,然后在此基础上,把对关于部分的知识进行综合以达到对整体的认识。因此,描述复杂系统应包括描述宏观整体和描述微观局部两方面,需要把两者很好地结合起来。在系统的整体观对照下建立对局部的微观分析,综合所有微观分析以建立关于系统整体的描述。

2.4.2 装备需求论证中的综合微观分析

如前所述,装备需求论证是个复杂系统,进行装备需求论证,可采用综合微观分析的方法。

2.4.2.1 基本原理

下面采用图形化的方式说明在装备需求论证中采用综合微观分析的原理。假设宏观问题 S 不能直接解决,它可以分解为两个微观问题 c_1 和 c_2,c_1 的解决方案为 $f(c_1)$,c_2 的解决方案为 $f(c_2)$,通过对 $f(c_1)$ 和 $f(c_2)$ 的综合最终获得了宏观问题 S 的解决方案 $f(s)$,如图 2-6 所示。

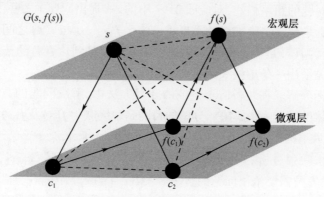

图 2-6 装备需求论证中的综合微观分析图

综合微观分析图 $G(s,f(s))$ 的几点说明:
(1) 上层为问题的宏观层次,下层为问题的微观层次;

(2) 节点 S 就是需求论证中的使命任务空间或总能力需求,三棱锥的前截面 (s,c_1,c_2) 组成问题域 Q;

(3) 节点 $f(s)$ 就是需求论证中的能力需求体系或装备需求体系,三棱锥的后截面 $(f(s),f(c_1),f(c_2))$ 组成解决方案域 P;

(4) 虚线表示链接的两个节点之间存在概念上的联系。

2.4.2.2 应用过程

基于综合微观分析方法的装备需求论证过程就是建立一个具有贯通性的图 $G(s,f(s))$ 的过程,具体过程包括提出总体目标、目标分解、需求映射分析、需求优化综合等工作流程,如图 2-7 所示。

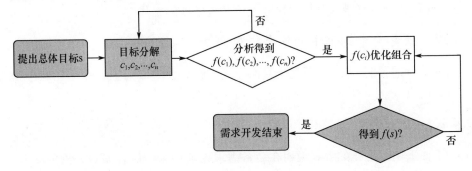

图 2-7 基于综合微观分析的装备开发流程

(1) 提出问题。部队用户根据作战需要,提出总体目标。总体目标通常是作战单位对问题的粗略描述,对应图 2-7 中的 s。提出问题 s 之后,装备需求开发人员的职责是建立清晰准确的军事需求体系 $f(s)$。s 与 $f(s)$ 之间存在概念联系,可以理解为 $f(s)$ 是 s 的函数。通常,没有从 s 直接到达 $f(s)$ 的技术,s 与 $f(s)$ 之间的这种关系用一条虚线表示。

(2) 目标分解。在装备需求论证的开发方法中,解决问题的方法是将 s 分解为更为具体的问题 c 来解决。分解的目的是最终获得 $f(s)$ 及 $f(s)$ 在概念上对 c 存在约束,为了描述方便,图 2-7 中假设 s 分解得到 $c_1,c_2,\cdots,c_n$。

(3) 需求映射分析。对于宏观问题 s 的若干个微观问题 $c_1,c_2,\cdots,c_n$,相应地,需求开发人员需要给出问题的解决方案 $f(c_1),f(c_2),\cdots,f(c_n)$。如果通过一定的技术手段,可以从 c_i 得到 $f(c_i)$,则获得 $f(c_i)$,停止对 c_i 的分解;否则,继续向下分解 c_i,寻求下一级的解决方案。该步骤获得了描述问题的树状结构,树中的每个节点都通过某种技术表达得到解决方案。

(4) 需求优化综合,即自底向上的综合。选择从属于一个父节点的叶节点问题,将解决方案综合成上层的解决方案。以图2-7中s的子节点c_1和c_2为例,首先,因为c_1和c_2同属于一个父节点s,所以选择c_1和c_2的解决方案$f(c_1)$和$f(c_2)$进行综合,综合的目的是获得父节点s的解决方案$f(s)$,因此,综合的过程受到s的约束。s与$f(c_1)$、$f(c_2)$之间的这种概念联系在图2-7中描述成了链接s与$f(c_1)$、$f(c_2)$的虚线段。

重复进行需求映射分析与优化综合,直至获得最上层的总问题s的解决方案$f(s)$,此时需求开发结束,$f(s)$即为装备需求。

2.4.2.3 应用模式

装备需求论证过程中宏观和微观过程定义是相对的,两者没有严格的界限。大致说来,宏观过程建立了装备需求分析的宏观框架;微观过程遵循宏观过程建立的框架进行具体的需求分析行为,并及时将分析过程中产生的新需求与反馈,促成宏观和微观过程做出调整。其中的微观分析和综合表现如图2-8所示。

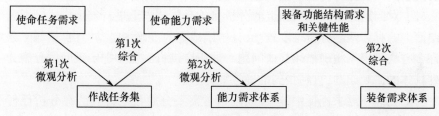

图2-8 基于综合微观分析的装备需求论证模式

第1次微观分析是对抽象的使命任务进行分解,明确需要执行的作战任务,建立作战任务集;第1次综合是从作战任务集中综合出所需的作战能力,明确使命任务需求和作战能力需求之间的对应关系;第2次微观分析对作战能力需求进行详尽的需求分解与描述,建立可度量的能力需求体系,为后续的装备需求分析提供依据;第2次综合对装备需求进行综合整理,获得宏观的武器装备需求。由能力需求映射得到的装备需求有可能存在重复,通过综合整理,得到成体系化的武器装备需求方案。

装备需求论证是从宏观到微观,再由微观到宏观的过程。因此使用综合微观分析的方法论,研究宏观问题的分解机理,在分解机理的指导下,对宏观问题进行分解,然后从微观层面上解决问题,最后再回到宏观层面。宏观与微观两个过程的互动、双向约束与制约关系,成为装备需求论证过程推进的动力。概括来说,宏观过程对微观过程进行约束和指导;微观过程则是宏观过程的实现和反馈。

以综合微观分析方法论为指导的武器装备需求分析具有以下两个特点:

①"自上而下"与"自下而上"双程贯穿。此方法既不停留在整体论的要求上，也不是微观还原论所规定的单程旅行，而是将自上而下与自下而上的观点结合起来，从整体到部分再返回分析。②"综合"与"微观"全面渗透。综合既出现在分析之前，也出现在分析之后，先于分析的综合和后于分析的综合在抽象和普遍性的两个层次上起作用。微观分析不是单纯地运用组分理论的微观解释，而是紧密联系着系统理论与宏观约束，这种微观解释本质上包含着局部的分析与系统的分析。

2.4.2.4 相关原则

基于综合微观分析原理进行装备需求论证，应遵循以下4条准则：

（1）对问题进行宏观描述的目的是得到其微观描述。因此，在进行从宏观到微观的分解时，需要从问题的宏观解释出发。分解的方法有很多，准则也根据问题的不同而变化，但分解的基础永远是宏观问题的解释。

（2）对问题进行微观层面上的分析目的是更清晰地进行宏观描述。因为微观层面上的具体问题分析难度较小，分析结果更为准确清晰，并且自然科学领域有许多方法可用来精确描述具体问题。分析应进行到能够把宏观问题分解为一系列具体的微观问题，直到找到准确答案为止。

（3）在装备需求论证中，宏观问题常常需要分解数层，因此，在分析任何层次的问题时，需要验证宏观层次和微观层次之间的关系。

（4）出于对复杂度的考虑，问题分解的层数越少越好。在分解中，如果问题可在本层解决，就不对其进行分解。

2.5 基于体系结构的需求论证方法

2.5.1 体系结构技术

体系结构的概念起源于美军。根据IEEE（电气和电子工程师协会）的定义，体系结构可定义为："体系结构是组成系统各部件的结构、它们之间的关系以及制约它们设计和随时间演进的原则和指南"。对上述概念可理解为体系结构就是解释和描述了系统的组成构件及它们之间的相互关系，系统组成构件的相关技术和方法可能会发展变化得很快，但是系统内部的体系结构却是相对稳定的。描述体系结构就是在当前或将来某个时间点上对已确定的使命的一种表述，描述的内容包括各个组成部分、它们的功能、这些功能应遵循的规则和约束条件，以及各组成部分彼此之间的关系及其与环境的关系。在军事领域，以美军为代表的西方国家,采用"体系结构框架"来规范装备体系的设计方法,用于武器装备体系、巨型武器系统和军事信息系统的顶层设计。美国国防部从1991年开始相继研究并颁布了《体系结构框架》和各种体系结构通用参考资源,以规范和研究各种武器装备体系结构设计工作。

体系结构技术是美国国防部根据国际系统工程领域的进展和最近的军事系统研发经验,通过制定颁布美国国防部体系结构框架标准DoDAF而提出的,是指导所有军事工程项目研发的系统工程方法论。

在体系结构技术指导下,可以形成统一规范的需求分析和描述,促进作战使用部门、装备管理部门和装备论证研究部门在装备体系需求生成各个阶段的交流、协作和研讨,支持决策流程以及最终使命任务和目标的确定,如图2-9所示。

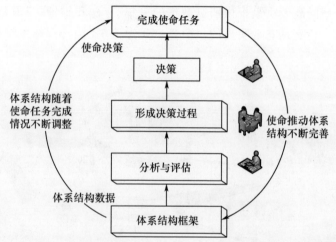

图2-9 体系结构技术支撑决策流程以及最终使命任务和目标的确定

2.5.2 体系结构框架

2.5.2.1 发展历程

美军体系结构的概念最初是为了实现军事电子信息系统的互连、互通、互操作,于1995年由美国国防部指挥、控制、通信、计算、情报、监视与侦察(C^4ISR)系统综合任务委员会下属的综合体系专委会提出的。在随后的研究中,体系结构更新升级为《C^4ISR体系结构框架》1.0版和2.0版。2003年8月,美国国防部体系结构框架工作组制定了《国防部体系结构框架》(1.0版),以此取代《C^4ISR体系结构框架》。《国防部体系结构框架》(1.0版)拥有了更广泛的用途,突破了仅仅在军事电子信息系统领域的应用,它为国防部所有使命任务领域体系结构的开发、描述和集成定义了一种通用的方法,期望将体系结构框架用于描述整个国防部或其组成部门的体系结构,这有利于快速确定作战需求、能力需求、功能需求,以提高采办效率、缩短采办周期。美国国防部将 C^4ISR 体系结构框架更名为国防部体系结构框架,其用意体现了两个转变:一是扩大应用范围,从单个系统扩大至国防部所有的使命任务域;二是明确研究重点的变化,将体系研究的重点从单个系统的集成体系结构转向整个国防部的企业体系结构的开发。当前《国防部体系结构框架》已更新至2.0版,提供了一系列顶层的体系结构概念、指南、最佳实践和方法,以帮助、指导、促进国防部各任务领域体系结构开发,以支撑跨越国防部各项目、各军事部门和各能力领域的主要决策过程。2.0版与其他早期版本相比,最显著的变化就是其采用以数据为中心的方法,为国防部各领域的高效决策提供所需数据的采集、存储和维护。2.0版中充分表明上述的两个转变是非常明显的。图2-10为美军《国防部体系结构框架》的发展历程。

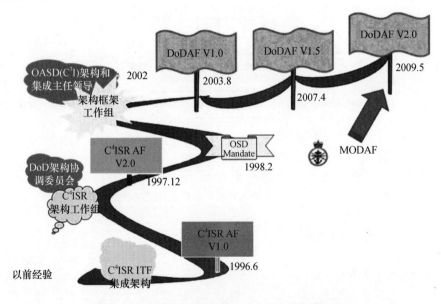

图2-10 美军《国防部体系结构框架》的发展历程

国际上,以DoDAF为基础而派生了其他的体系结构框架。2005年12月,英国国防部颁布了联合王国国防部体系结构框架(MoDAF)标准;2006年,北约发布了北约体系结构(NAF)标准;法国国防部体系结构框架为AGATE v3;澳大利亚国防体系结构框架为DAF;挪威和瑞士采用基于模型的体系结构为MAC-CIS。

2.5.2.2 视图组成

以 DoDAFV1.0 为例,包括全视图(All Viewpoint,AV)、作战视图(Operational Viewpoint,OV)、系统视图(Systems Viewpoint,SV)、技术视图(Technical Standards Viewpoint,TV)4 类视图 26 种产品,如表 2-6 所列。

表 2-6 DoDAFV1.0 体系结构视图产品组成

视图	产品编号	产品名称	概要描述
全视图	AV-1	概要和摘要信息	说明体系结构的范围、目的、设想的用户和设计分析的结论
	AV-2	综合词典	定义所有产品中使用的术语
作战视图	OV-1	高级作战概念图	以图形和文本形式描述高级作战构想
	OV-2	作战节点连接关系描述	描述重要的作战节点、连接性和节点间信息需求线
	OV-3	作战信息交换矩阵	描述节点间交换的信息和信息交换的有关属性
	OV-4	组织关系图	描述组织及其相互的指挥、指导和协作关系
	OV-5	作战活动模型	描述作战活动,作战活动之间的信息交换关系
	OV-6a	作战规则模型	描述动态特性的 3 个产品之一,确定限制作战活动的规则
	OV-6b	作战状态转换描述	描述动态特性的 3 个产品之一,确定状态转换的事件和过程
	OV-6c	作战事件跟踪描述	描述动态特性的 3 个产品之一,描述一定场景中作战事件发生的时序关系
	OV-7	逻辑数据模型	描述作战视图涉及的逻辑数据模型
系统视图	SV-1	系统接口描述	确定系统节点、系统、部件以及它们之间的相互连接关系
	SV-2	系统通信描述	系统节点、系统、部件之间的通信实现方式
	SV-3	系统—系统矩阵	确定系统之间的相互关系
	SV-4	系统功能描述	描述系统完成的功能和系统功能之间的数据流
	SV-5	作战活动—系统功能映射矩阵	描述系统对作战活动的映射关系
	SV-6	系统数据交换矩阵	描述在系统间将交换的系统数据元素以及这些交换的属性
	SV-7	系统性能参数矩阵	描述系统、部件、系统功能等的性能特性

(续)

视图	产品编号	产品名称	概要描述
系统视图	SV-8	系统演化描述	描述系统演化或移植的过程
	SV-9	系统技术预测	描述新技术对体系结构产生的影响
	SV-10a	系统规则模型	描述系统动态行为的3个产品之一,确定系统运行的规则
	SV-10b	系统状态转换描述	描述系统动态行为的3个产品之一,确定系统状态转换的过程
	SV-10c	系统事件跟踪描述	描述系统动态行为的3个产品之一,确定一定场景中系统事件发生的时序关系
	SV-11	物理模型	逻辑数据模型实现方式,如文电格式、文件格式、物理数据模型
技术视图	TV-1	技术标准配置文件	体系结构中采用或遵循的技术标准列表
	TV-2	技术标准预测	描述正在出现中的标准和它们对体系结构的影响

2.5.3 基于多视图的需求分析模式

未来装备需求论证是多军兵种、多部门和多专业的联合论证,要求不同部门、不同领域的研究人员能够围绕装备需求论证目标开展协同研究。而不同部门、不同领域的研究人员,由于专业领域背景和研究目标的分工,不同领域研究人员在装备需求论证中的研究重点也不相同,导致不同人员对装备需求论证目标的理解和描述存在差异。而多视图方法是从不同领域人员的视角分析同一问题,形成若干相互关联的视图,以此反映各类人员的要求和设想,进而全面、准确地形成系统的整体框架结构。它是人们了解、描述复杂事物的一种常用方法,不同研究视角的研究人员可以根据自身需要灵活地采用不同的方法,如进行需求建模时既可以采用面向活动的方法,也可以采用面向对象的方法等。

多视图方法的基本思想是"分而治之"的理念,它可以将复杂问题简单化,将一个复杂问题分解为反映不同领域人员视角的若干相对独立的视图,这些视图一方面反映了各类人员的要求和愿望,另一方面形成对装备需求的整体描述。在体系结构框架(DoDAF1.5)中,主要从作战、系统和技术3个视角进行了分析,如图2-11所示。

多视图方法应用于装备需求论证,主要具有3个方面的优势:一是从不同的角度描述武器装备,能够比较方便地反映各类利益相关方的需求和愿望,易于形成对装备需求的整体描述;二是通过从各种不同角度对复杂事物的抽象,将复杂

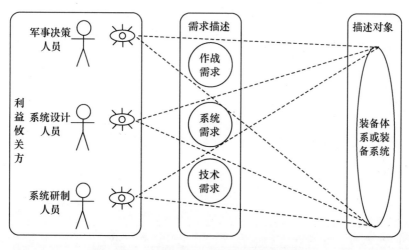

图 2-11 美军体系结构框架的视图描述方法

的事物抽象成多种简单的描述,简化了装备需求描述过程,降低了描述的复杂度;三是针对不同利益相关方的特点和关注问题,从多角度描述装备需求,便于各类利益相关方从不同的角度理解需求,也便于他们之间的交流,促进各类人员对装备需求形成共识。

2.5.4 基于ABM的需求分析方法

ABM(Activity – Based Methodology)是指在体系结构开发过程中以系统需要完成的活动为基础来设计体系结构。ABM 中的活动是体系结构设计的基础数据和关键环节。通过 ABM 给出体系结构中视图产品的生成方法以及部分视图产品之间的关联关系方法。ABM 的基本原理可表述为以下 7 个基本定理(其中视图产品以 DoDAF1.5 版为例说明):

定理1:OV 和 SV 存在最小集的核心视图产品

ABM 中定义的体系结构核心构成要素是 4 个作战体系结构(Operation Architecture,OA)实体对象和 4 个系统体系结构(System Architecture,SA)实体对象,它们分别是:作战活动、作战节点、角色、信息和系统功能、系统节点、系统、数据。4 种核心实体之间的关系如图 2 – 12 所示。

与上述 4 个作战体系结构对象实体和 4 个系统体系结构对象实体对应的核心视图产品见表 2 – 7 和表 2 – 8 所列。ABM 认为存在着包括 4 个作战视图和 3 个系统视图体系结构的最小核心视图产品集。为了确保体系结构的完整性,这些最小核心视图产品是必需的。例如,通过 OV – 2、OV – 3 和 OV – 5 等 3 个产品能够组成 DoDAF 作战需求建模的最小子集,涵盖了作战需求中涉及的业务需

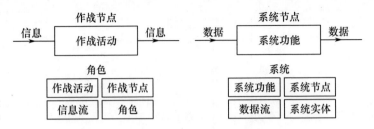

图 2-12 体系结构核心实体及其对应关系

求、功能需求和信息需求。

表 2-7 作战体系结构对象实体与视图产品关系

对象实体	对应视图产品
作战活动	OV-5(作战活动视图)
作战节点	OV-2(作战节点连接描述视图)
角色	OV-4(组织关系视图)
信息流	OV-3(作战信息交换矩阵视图)

表 2-8 系统体系结构对象实体与视图产品关系

对象实体	对应视图产品
系统功能	SV-4(系统功能描述视图)
系统节点	SV-1(系统接口描述视图)
系统实体	SV-1(系统接口描述视图中系统实体)
数据流	SV-6(系统数据交换矩阵视图)

定理2:OV 和 SV 的核心视图产品对称关联

OA 和 SA 的体系结构核心基础构成要素彼此对称关联,即 OA 的体系结构要素与 SA 的体系结构要素相对应。例如:作战活动与系统功能相关联、作战节点与系统节点相关联等。这些体系结构核心要素可以按照实体对象和关系对象进行分类,其中:实体对象是指体系结构获取的数据,关系对象描述实体对象之间的联系。作战体系结构(OA)中作战信息、作战活动、作战节点、角色、分析过程和作战概念是作战体系结构(OA)的基本体系结构实体对象。需求线表示作战信息、作战活动和作战节点实体之间的信息交换关系。组织表示具有不同知识、技能和能力属性的角色实体对象之间的联系。需求线和组织是关系对象。系统数据、系统功能、系统节点、系统、分析过程和设计策略是系统体系结构(SA)的基本体系结构实体对象。系统接口线表示系统数据、系统功能和系统节点实体之间的数据交换关系。连接关系表示具有不同性能、属性的系统实体之间的联系。数据流和连接关系是关系对象。OA 和 SA 的体系结构核心基础构成要素的对称关联关系如图2-13所示。

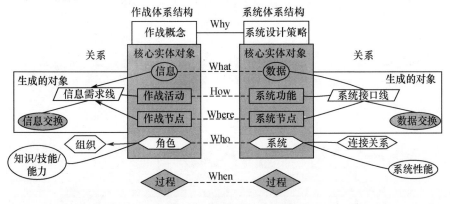

图2-13 OA和SA核心基础构成要素对称关联关系

根据OA和SA的核心基础构成要素对称关联关系,以及表2-7和表2-8所示4个作战体系结构对象实体和4个系统体系结构对象对应的核心视图产品关系,OV和SV的核心视图也存在对应关系,如表2-9所列。

表2-9 系统体系结构对象实体与视图产品关系

视图	OV视图	SV视图
核心视图	OV-5(作战活动视图)	SV-4(系统功能描述视图)
	OV-2(作战节点连接描述视图)	SV-1(系统接口描述视图)
	OV-4(组织关系视图)	SV-1(系统接口描述视图中系统实体)
	OV-3(作战信息交换矩阵视图)	SV-6(系统数据交换矩阵视图)

定理3:体系结构数据规范模型

图2-13所示的对称关联关系可通过体系结构数据规范模型中定义的三角三元关系描述,如图2-14所示。

OA/SA核心要素之间的联系如下所述:

(1)每个作战活动(系统功能)在一个作战节点(系统节点)中被一个角色(系统)执行,产生和消费作战信息(系统数据);

(2)每个作战节点(系统节点)包含角色(系统)来执行作战活动(系统功能),产生和消费作战信息(系统数据);

(3)每个角色(系统)在一个作战节点(系统节点)中执行作战活动(系统功能),产生和消费作战信息(系统数据);

(4)作战信息(系统数据)被作战节点(系统节点)的由角色(系统)执行的作战活动(系统功能)消费和产生。

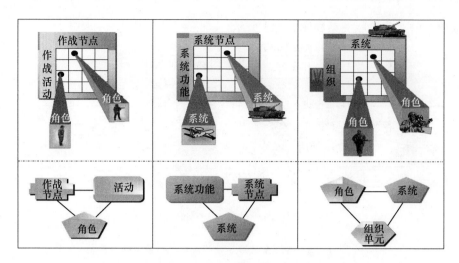

图2-14 体系结构核心要素的三元关系

作战体系结构和系统体系结构核心实体元素之间的关系可以通过作战节点/作战活动/角色、系统功能/系统节点/系统、组织单元/角色/系统3组三元关系来更清晰地描述,如图2-15所示。

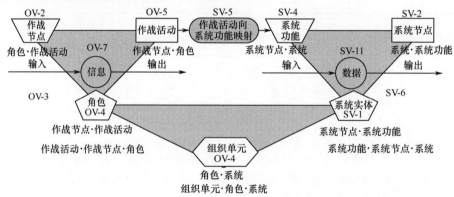

图2-15 体系结构核心实体对象之间及相关视图产品的关系

对称联系的基于数据的体系结构对象和它们之间的三元关系组集成在一起构成了一体化数据规范模型,如图2-16所示。

体系结构数据规范模型中明确了体系结构要素之间的关系,更重要的是能够建立一些潜在、隐含的关系或动态、随机的关系,比如系统和活动没有直接的关系,但是通过SV-5将作战活动同系统功能关联后,能够建立系统与作战活动的间接关系。

体系结构数据描述模型中的三元关系组对于复杂体系结构的分析具有很重

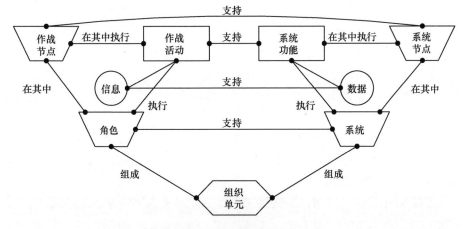

图 2-16 体系结构数据规范模型

要的作用。通过检测不同的三元关系组,可以进行不同类型的作战体系结构(OA)/系统体系结构(SA)的体系结构分析:

(1) 对应关联分析:分析作战活动与系统功能之间的关系,进行系统功能的分析,解决两个视图中"怎样做(How)"的问题。

(2) 节点分析:分析作战活动与作战节点之间的关系和系统功能与系统节点之间的关系,进行节点分析,解决两视图中"在什么地方(Where)"的问题。

(3) 作战活动分析:分析作战活动在作战节点中产生、消费信息和系统功能在系统节点中产生、消费数据之间的关系,进行视图产品分析,解决"做什么(What)的问题。

(4) 人员、装备和组织机构分析:分析角色、系统及其他们的组织机构,甫需要完成的作战活动、相关的功能,解决"谁来做(Who)的问题。

(5) 体系结构的缝隙分析:分析作战活动、作战节点、角色之间的三元关系,能够分析出作战节点中没有角色执行的作战活动,称为无效作战活动;分析系统功能、系统节点、系统之间的三元关系,能够发现在系统节点中没有系统来执行的系统功能,称为无效系统功能;无效作战活动能够对组织机构提出需求,无效系统功能能够对系统功能和系统实体提出需求。

定理4:体系结构核心元素所需数据通过相关联视图产品人工提取

体系结构核心元素所需数据可由 DoDAF 中的相关联视图产品人工输入提取,例如:作战活动所需数据可由作战活动模型 OV-5 创建时定义获取,通过 OV-5 获取的数据,其他的 DoDAF 产品直接可以引用,不需要再定义。

定理5:作战节点和系统节点关系可自动生成

作战节点的需求线由 OV-5 作战活动模型的基元活动(基元活动是指在作

战活动模型中不能再被分解的活动)、基元活动的输入输出信息和基元活动与OV-2作战节点之间的关系形成。系统节点的系统接口线由SV-4系统功能模型的基元系统功能(基元系统功能是指在系统功能模型中不能再被分解的系统功能)、基元系统功能的输入输出数据和基元系统功能与SV-1系统节点之间的关系形成。需求线(系统接口线)表征基元活动(基元系统功能)的信息交换(数据交换)。

自动生成的体系结构数据确保了数据的一致性,提高了体系结构产品的质量(因为减少了用户的输入),加快了整个体系结构的开发进程,也促进了体系结构实例的共享和重用。

定理6:作战体系结构信息交换关系和系统体系结构数据交换关系可自动生成

反映作战体系结构信息交换关系和系统体系结构数据交换关系的OV-3和SV-6可自动生成,两个产品能够完整地采用报告的形式描述。OV-3是根据体系结构模型的信息交换关系及其属性自动生成。SV-6是根据体系结构模型的数据交换关系及其属性自动生成。作战信息(系统数据)的交换能被自动生成,但是它们的属性(例如传输时间、安全级别等)不能自动生成,需要手工定义。手工定义的属性一旦定义就不会被自动删除,保证了信息(数据)交换的持久有效。

定理7:作战活动和系统功能之间依靠关联矩阵建立映射关系

作战活动和系统功能之间依靠SV-5关联矩阵视图,建立起作战活动与系统功能关联矩阵、作战活动与系统实体关联矩阵,进而解决武器装备需求生成过程中作战任务域、装备系统域之间的映射问题。通过SV-5关联矩阵使作战视图和系统视图形成了有机整体,且使整个体系结构分析形成闭环反馈过程。

2.6 指挥信息系统需求论证方法的未来发展

2.6.1 方法体系

20世纪90年代初海湾战争中多军种联合作战行动的成功实施,各种武器装备之间的有机协同对战场进程和结果产生了重大影响,促使人们对武器装备的研究从系统逐步转向体系,进而掀起了装备体系的研究热潮。装备体系是指在一定的战略指导、作战指挥和保障条件下,为完成共同的作战目标,由功能上相互联系、相互作用的各类武器装备系统组成的更高层次系统,体系组分相互独立并且具有独立的功能和行为,体系整体具有涌现性和演化性。装备体系是由装备系统有机组成的,其强调装备系统科学运用基础上的装备体系整体作战效果。而且,随着作战任务、战场环境的变化,装备体系往往应具有较强的动态调整和演化能力,以保证装备体系适应多种作战任务的灵活性。

装备体系的兴起源于作战力量体系化运用的成功。特别是随着作战威胁的非常规化和多样化,传统的面向特定威胁的装备发展模式,已不能满足武器装备体系化运用要求,基于能力的装备需求论证逐渐成为装备体系发展时期装备需求论证的主要模式。由于装备体系组成要素的多样性、交互关系的复杂性与演化发展的不确定性,装备体系需求论证应以复杂系统理论为基础,采用以体系工程方法为主体的复杂系统研究方法构建方法体系,以进一步突出体系整体对武器装备发展的决定性作用。装备体系需求论证方法包括体系分析、体系评估和体系管控3类方法,如图2-17所示。

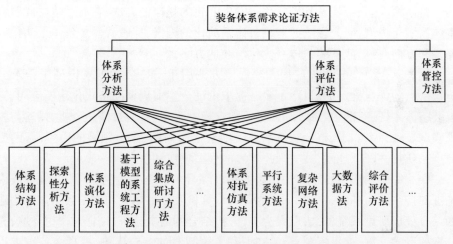

图2-17 装备体系需求论证方法分类与主要组成

(1)体系分析方法。该方法是对装备体系需求目标、内容及其相互关系进行分析、建模的方法,目的是提出装备体系需求。

(2)体系评估方法。该方法是对装备体系方案进行综合评估与优化的方法,目的是对装备体系需求方案的优劣给出结论并指导装备体系需求方案优化完善。

(3)体系管控方法。该方法是对装备体系需求开发过程及其产品进行管理协调的方法,是保障装备体系需求论证取得预期效益的关键。

由于装备体系需求论证的复杂性与综合性,装备体系需求论证的相关方法往往具有综合性的特征,甫 不仅能够支持装备体系需求的分析建模,还能够支持装备体系需求的评估优化。而且,由于装备体系需求论证方法的延续性,装备系统需求论证的相关方法在装备体系需求论证中依然有用。为此，以体系工程为指导，结合装备体系需求论证要求，重点介绍以下几种比较有代表性的装备体系需求论证方法。

（1）体系结构方法。该方法借鉴美军体系结构框架及其方法论，从任务、能力、系统、技术等视角研究装备体系需求的要素组成、描述方法和相互关系，以实现装备需求的统一描述与建模。

（2）探索性分析方法。该方法着眼于解决不确定条件下的复杂问题，以多分辨率模型为基础，通过对装备体系运用想定空间中不确定因素的综合分析，研究不同因素条件下的装备体系运行效果，是研究武器装备体系复杂性的有效方法。

（3）体系演化方法。该方法是研究随使命任务和能力需求调整变化而引起的装备体系功能、结构及其铰链关系发生变化的规律的方法，它通过建立武器装备体系演化模型，研究影响武器装备体系演化的因素，探索武器装备体系演化的路径和方向，提出武器装备体系优化与改造方案。

（4）基于模型的系统工程方法。该方法用于支持装备需求论证中需求分析、建模、验证与确定的、贯穿于装备需求论证全生命周期的格式化建模应用，它以装备体系任务、能力、系统和服务等需求模型为中心，通过模型分析、描述与验证确定装备体系需求，整合从体系到组件全生命周期、多个领域的模型，帮助提高产品质量并降低风险，并实现跨领域的模型集成和信息统一表示。

（5）综合集成研讨厅方法。该方法以综合集成方法论为指导，以装备需求论证支持系统为基础，构建由专家体系、计算机及软件体系和知识数据体系构建的综合集成研讨系统，形成以人为主、人机结合的需求分析、论证与研讨环境，充分发挥科学计算、信息资源、经验知识和专家智慧的综合优势，提高装备需求论证方案的科学性。

（6）体系对抗仿真方法。该方法通过建立对抗双方的武器装备作战运用模型，构建武器装备体系对抗仿真系统，通过特定作战背景下的红蓝双方武器装备体系对抗仿真实验，研究武器装备体系的要素组成、编配关系、使用方式与作战效果，是形成、评估与优化武器装备体系需求方案的有效方法。

（7）平行系统方法。该方法构建装备体系运用人工系统与实际系统同时运行的平行系统，比照分析人工系统与实际系统的运行过程与效果，并通过人工系统与实际系统的交互实现对各自未来状况的"借鉴"和"预估"，从而实现武器装备体系的方案构建与评估。

（8）复杂网络方法。该方法通过对武器装备体系要素之间的信息关系、指挥关系和影响关系的全面分析，构建武器装备体系复杂网络模型，能够有效分析武器装备体系的稳定性、抗毁性,并能够为研究武器装备贡献率提供方法支撑。

(9)大数据方法。该方法以大量的装备体系编组和运用数据为基础,通过对装备体系过往编组和运用数据的综合分析,预测分析未来装备体系的要素组成、相互关系及其主要战术技术性能指标,为科学提出武器装备发展重点和构建武器装备需求方案提供有效支撑。

2.6.2 主要特征

(1)复杂性是基本特征。武器装备体系的根本特征是复杂性,包括结构复杂性、演化复杂性、行为复杂性以及信息交互的复杂性。装备体系需求论证的核心就是寻找有效方法,从不同层次、不同角度研究武器装备体系的复杂性,进而为提出武器装备体系发展规律提供支撑。因此,复杂性研究是装备体系发展时期装备需求论证方法的基本特征。

(2)体系需求牵引系统需求。装备体系发展时期的装备需求论证不仅要研究不同类型、不同层次的装备体系需求,还要研究装备系统需求,而且系统需求应服从并服务于装备体系需求的形成。为此,在装备需求论证时,应着眼于武器装备体系的整体需求,先研究武器装备体系需求,再根据武器装备体系需求合理提出武器装备系统需求,保证武器装备体系需求的完整性与一致性。

(3)突出体系结构优化研究。装备体系发展是一个渐进的动态过程,是武器装备体系要素及其关系不断调整优化的过程。因此,在装备体系需求论证时,应以武器装备体系需求优化为重点,研究武器装备体系的需求方案和需求重点。

(4)还原论与整体论相结合。复杂系统研究的重点是整体涌现,但不能片面依靠整体理论来研究复杂性,还需要通过还原论方法来支撑整体论研究。即通过自顶向下的武器装备体系要素、功能和关系分解,建立武器装备体系仿真模型,并通过武器装备体系演化过程的仿真分析,研究武器装备体系的整体效果,实现武器装备体系需求方案的有效评估与优化。

根据武器装备发展形态的不同,提出了适应不同发展形态的装备需求论证方法及其特征,为科学认识与选用合适的装备需求论证方法提供了理论支撑。但是,由于科学技术的飞速发展和人类认识水平的不断提高,新理论与新方法的不同涌现,必将丰富装备体系需求论证方法体系,进而满足装备需求论证科学化、高效化的工作要求。

第3章 装备需求评估理论与方法

装备需求论证是装备发展的起点,贯穿于装备发展建设的全系统、全寿命周期,科学、合理的装备需求方案无疑是确保装备发展建设方向和质量的基本依据。装备需求评估就是以装备需求方案中明确的装备体系结构组成及其作战性能指标为基础,采用科学的方法,从多个视角评估装备需求方案的满意程度,为装备需求论证决策提供依据。本章按照装备需求评估的一般流程,重点介绍评估指标体系、指标权重、指标取值与评估方法等内容,为进行指挥信息系统需求评估提供理论基础。

3.1 概述

装备需求评估是装备需求论证的重要内容,主要是对装备需求方案的科学性、合理性及有效性进行全面的分析与评价,为择优选择需求方案提供依据。装备需求方案评估,与一般的评估问题一样,需要对评估的目标、步骤与要求进行分析。

3.1.1 问题定义

通常,装备需求评估需要对多个备选需求方案进行比较、排序,从而为择优选择提供依据。随着装备需求论证目标、内容的增多,装备需求评估逐渐成为需要对多个属性、多个目标进行综合决策的多目标评估问题。如对装备需求的有效性、适应性和鲁棒性进行综合评估时,就是一个多目标评估问题。它涉及对若干个可行方案如何进行评估,怎样把方案按优劣排序,并从中选出最优的解决方案,其数学模型可描述如下:

假设有 n 个需求方案 $S=\{s_i\}(i=1,2,\cdots,n)$ 和 m 个特性指标 $U=\{u_j\}(j=1,2,\cdots,m)$,每个特性指标 u_j 的论域为 $D_j(j=1,2,\cdots,m)$,每个方案 S_i 由 m 个特性指标描述,即 $S_i=\{u_{ij}\}(j=1,2,\cdots,m)$,于是可以定义需求方案的特性空间为

$$D = D_1 \times D_2 \times \cdots \times D_m \tag{3-1}$$

每一个需求方案都是特性空间 D 上的一个点,即 $S_i \in D(i=1,2,\cdots,n)$,如果特性指标 u_j 的取值为 $d_j \in D_j$,则需求方案可以用一个二元组来确定 d_1, $d_2,\cdots,d_m$,需求方案的评估就是根据特性指标值把需求方案作优劣排序,找出最优的需求方案。

3.1.2 评估步骤

通常,装备需求评估可按照制定评估方案、建立评估指标体系、指标量化分析、指标综合、评估实施、评估结果分析与验证 6 个步骤进行,如图 3-1 所示。

(1) 制定评估方案。首先确定解决方案评估的任务,包括确定方案评估的具体问题及评估的具体目标。为了进行科学的评估,必须把要评估的方案当成系统看待,反复调查了解建立这个系统的目标以及为完成系统目标所考虑的具体事项,熟悉需求方案。

(2) 建立评估指标体系。指标是衡量需求方案的具体标志。对于所评估的方案,必须建立能对照和衡量各个方案的统一手段,即评估指标体系,评估指标体系必须全面、科学和客观。

(3) 指标量化分析。具体包括指标的度量、无量纲化与归一化。

(4) 指标综合。选择综合方法和权重计算方法,将底层指标值综合得到目标值。根据目前评估的方法和模型,选择适合方案评估的方法和模型集。由于方案评估问题本身具有的多目标、多层次及信息不完备等特点,有时使用单一的评估方法对方案进行评估比较困难。为弥补单一评估方法在评估复杂需求方案时的不足,常将多种评估方法相互综合,构成方案评估的综合评估法。由于综合评估法将多种评估方法综合在一起,各评估方法之间可以取长补短进行优势互补,使得综合评估法在方案评估中得到了越来越广泛的应用。

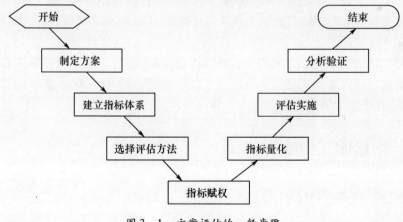

图 3-1 方案评估的一般步骤

(5) 评估实施。根据选择的评估方法和收集的数据进行评估,具体包括指标体系数据搜集、数据评估、必要的数据推算、评估模型参数求解等。

(6) 评估结果分析与验证。对评估结果进行分析与检验,以判别所选评估模型、有关标准、权值甚至指标体系的合理与否。若不符合要求,则需要进行一些修改甚至返回到前述的某一环节。

3.1.3 评估特点

装备需求评估的对象是装备需求论证提出的装备需求方案,因此,装备需求评估就必须围绕装备需求论证的目标和装备需求论证的特点进行评估,使评估结果能够客观反映装备需求论证的预期要求,装备需求评估的特点主要表现在以下5个方面。

(1) 多目标性。装备需求方案评估中需要同时考虑多个评估指标,装备需求方案评估过程要集中体现各个评估指标的作用及相互之间的影响,即多评估准则的统一考虑:不能因为一个方案的某一评估指标很差而轻易放弃该方案,也不能因为某一指标很强而轻易地选择它,评估结果不一定是一个完全排序关系而应该是一个分级可比的优序关系。

(2) 多层次性。需求方案评估问题的评估指标一般较多,而且评估指标间往往具有一定的层次结构,从而构成需求方案评估的指标体系。

(3) 不确定性。需求分析过程的信息通常具有很大程度的不确定性,包括作战环境的不确定、敌我双方对抗体系的不确定性以及作战样式的不确定性等;同时,由于研究的是未来的装备需求方案,很多装备只是概念模型,无法对其进行详细的描述,建立准确的数学或仿真模型,因此评估存在不确定性。

(4) 复杂性。需求方案评估需要考虑众多的影响因素和相互关系,包括未来形势分析、未来作战理论、装备体系等复杂的因素,涵盖多学科,需要多领域人员协调才能完成。

(5) 评估更加关注方案的有效性、可行性和合理性等。其中方案的有效性即方案相对于需求的满足度是决定方案取舍的核心指标,如果方案不能满足需求,那么这个方案直接遭到淘汰。

3.2 指标体系构建

3.2.1 指标选取原则

随着武器装备的体系化信息化发展,其组成要素众多,层次结构越来越复杂,简单的指标体系通常难以全面、有效地比较指挥信息系统的优劣,必须建立一套科学、可行的评估指标体系。但是,由于装备体系及其运行机理的复杂性,构建一套实用的评价指标体系并非易事,不仅需要较熟练的专业知识、宽广的知识储备、高度的概括抽象能力,更需要在一定的选取原则指导下进行。通常,指标选取应遵循以下原则:

（1）系统性原则。指标体系应该反映评价决策系统的整体性能和综合情况,指标体系的整体评价功能大于各分析指标的简单总和,应该注意使指标体系层次清楚,结构合理,相互关联,协调一致。要抓住主要因素,既能反映直接效果,又能反映间接效果,以保证决策的全面性和可靠性。

（2）可比性原则。决策分析是根据系统的整体属性和效用值的比较进行方案排序的,可比性越强,决策结果的可信度越大,决策指标和评价标准的制定要客观实际,便于比较。指标间要避免显见的包含关系,隐含的相关关系要以适当的方法加以消除。同时,指标处理中要保持同趋势化,以保证指标间的的可比性。

（3）科学性原则。以科学理论为指导,以客观分析反映系统内部要素以及其间的本质联系为依据,定性分析和定量分析相结合,正确反映系统整体和内部相互关系的数量特征,同时,既要保证定性分析的科学性,又要保证定量分析的精确性。

（4）实用性原则。评价指标涵义要明确,数据要规范,口径要一致,资料收集要可靠。指标设计必须要符合国家和地方的方针、政策、法规,口径和计算要与通用的合计、统计、业务核算协调一致。评价模型设计要有可操作性,计算分析简便,结构模块化,计算程序化,便于在计算机上操作实现。

（5）层次性原则。将复杂的系统问题分解,使分解出的各要素按属性的不同分成若干组,从而形成不同层次。同一层次的元素作为准则,对下一层次的某些要素起支配作用,同时,它又受到上一层次元素的支配,从而形成一个由支配关系确定的递阶层次结构,层次结构建立在决策者对所面临问题具有全面深入的认识的基础上,如果在层次的划分和确定层次之间的支配关系上举棋不定,最好重新分析问题,弄清问题各部分相互间的关系。

（6）简易性原则。在确定层次结构时,层次数在满足问题的要求下,应尽可能地少。每一层次中的指标个数也不宜过多,一般不要超过9个。层次结构的简易程度将直接决定着评价结果的好坏,对于解决实际问题是极为重要的。

在选择评估指标时要注意,评估指标并不是越多越好,关键在于指标在评估中所起作用的大小。如果评估时指标太多,不仅增加了结果的复杂性,甚至会影响评估的客观性。

所以应筛选除去对评估目标不产生影响的指标。在确定系统性能指标时，要重点考虑那些反映系统本质特征的指标，而不是囊括作为一般装备所应具备的全部指标，同时也不包括系统支撑技术方面的指标；只考虑各类系统的共性指标，但不排除对专用系统提出的特殊指标要求。所确定的指标项目应是面向系统整体性能的，不囊括单项设备和分系统的指标。当然还要考虑指标之间尽量减少交叉，各项指标应相互独立，不应互相包容，指标应便于准确理解和实际度量。

指标的确定需要在动态过程中反复综合平衡，有些指标可能要分解，有些却要综合或删除。随着时间、任务的改变，有的指标应相应地变化。

3.2.2 指标选取方法

评价指标选取的方法很多，常见的有头脑风暴法、专家会议法、德尔菲法、聚类分析法、关联度法等。

3.2.2.1 头脑风暴法

头脑风暴法是一种独特的会议方法，主要是吸收专家积极地进行创造性思维。它可分为直接头脑风暴法和质疑头脑风暴法。

1. 直接头脑风暴法

直接头脑风暴法，要求参加者不要宣读事先准备的发言稿，发言要简练，不能反驳别人的意见；要求主持人能够严格限制问题范围，鼓励参加者对已经提出的设想进行改进和综合，并尽可能地创造一种自由的气氛来激发参加者的积极性。

2. 质疑头脑风暴法

质疑头脑风暴法是对直接头脑风暴法提出的已系统化的设想进行质疑，或者对规划、方案事先提出的工作文件提出异议，并进行全面评价。一般包括3个步骤：

首先，参加者对每个提出的设想都要提出质疑并进行全面评价。评价的重点是研究实现设想的障碍问题。

其次，就每一组或其中每一个设想，编制一个评价意见一览表，以及可行设想一览表。

最后，对质疑过程中提出的评价意见进行评价，以便形成一个对解决问题实际可行设想的最终一览表。

3.2.2.2 专家会议法

专家会议法是为了克服专家个人判断的缺点，而采取的把有关专家请到一起，征求意见的一种方法。

它的主要优点是：占有的信息量大于单个成员的信息量；考虑的因素和影响远多于单个专家；专家会议提供的方案更具体、更客观；有利于调动集体的创造力。

它的主要缺点是：易于出现附和多数观点的情况，从而导致错误的信息更加错误化；善于言论者和地位高者可能对专家会议产生不正常的影响；会议的兴趣容易较长时间地集中在非预期讨论的某一点上；会议成员中易于产生不愿公开承认错误的心理障碍。

3.2.2.3 德尔菲法

德尔菲法(Delphi法)集中了专家个人判断与专家会议两法的优点，并且同时克服了上述两法的缺点。它的基本程序包括确定目标、选择专家、设计评价意见征询表与专家间信息反馈4个步骤，如图3-2所示。其具体做法是在对所要预测的问题征得专家的意见之后，进行整理、归纳、统计，再匿名反馈给各专家，再次征求意见，再集中，再反馈，直至得到收敛、基本一致。

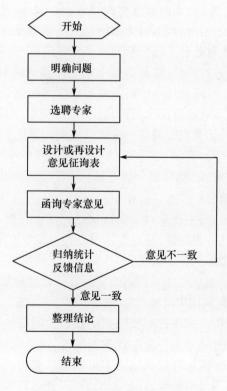

图3-2 德尔菲方法基本步骤

德尔菲法和其他专家预测方法的区别在于它具有匿名性、反复性和收敛性等显著特点。

(1) 匿名性是德尔菲法极其重要的特点。参加的专家彼此不知道,只和主持人发生联系。专家之间在匿名的情况下通过主持人对问题进行交流。其优点在于:使得小组成员没有顾虑,能坚持和随时改变自己的观点而没有社会压力;特殊地位人的观点没有可能因其特殊地位对其他人施加影响等。

(2) 反复性是指小组成员间交换信息可以反复进行,以使讨论的问题更加深入和集中。它是在小组主持人控制下通过回答一轮又一轮的问题,实现小组成员间交换信息的。提供给小组成员的每一轮归纳的看法和各个相反观点的论证,专家之间背靠背相互影响,并以此做出新的判断。

(3) 收敛性是指因为要求小组专家参照上一轮归纳、统计结果进行回答,所以在反复进行数轮之后,通过背靠背交换意见,小组内专家的意见会收敛集中起来。关于和小组内多数专家意向不一致的意见,要求持这种意见的专家申诉理由后,也会使小组内专家的意见迅速收敛、集中。

德尔菲法最先是为进行预测而提出的,其后被广泛应用于各有关领域。德尔菲法主要应用于以下情况:当所讨论的问题并不适宜于采用精确的分析技术时,可以通过德尔菲法对各种主观判断的收集来解决;需要对缺乏足够历史资料的广泛或复杂的问题进行论证,以及需要专家利用其经验和专家知识从不同的角度来描述其背景;受时间和成本的限制使得经常性的会议成为不可行时;获得有效意见需要人数很多或通信比当面讨论更有效时;由于其他方法不能用或用起来成本过高的地方,认为它是最后一种可以求助的方法。

德尔菲法在未来学的发展、技术评估与技术预测等领域,都起过重要的作用,但它不是处于"支配性"地位的分析工具。应注意到根据不同研究目的的需要,德尔菲法常和其他分析技术结合使用。

但当要求专家评估的事件难以准确定量或无法定量时,整个评价过程含有许多不确定性、随机性和模糊性,并且要涉及心理因素。专家们的评价结果只能是给出一定的范围,常用"大约多少""多少到多少之间""差不多""比较可靠"等方法表达他们的估价。这时可以采用集值统计方法处理每轮评价结果,进行轮间信息反馈。下面对如何利用集值统计原理处理每轮评价结果作一个详细的介绍。

(1) 可以用等级优先顺序数和分值把定性评价问题转化为定量评价问题。当评价专家给出的评价结果是一个大致的范围时,这个专家的评价结果便转化为一个区间估计值。经典统计每次试验中得到相对空间的一确定点,而集值统计每次试验中得到的不是一个点,而是一个子集(普通的或模糊的)。这个子集相当于每个专家的区间估计值,记为$[U_1^k, U_2^k]$。若有 k 个评估专家,便可得到一个集值统计序列$[U_1^1,U_2^1],[U_1^2,U_2^2],\cdots,[U_1^k,U_2^k]$,该序列叠加起来则形成评价轴上的一种分布,称它为样本落影函数,记为$\bar{X}(U)$。

$$\bar{X}(U) = \frac{1}{n}\sum_{k=1}^{n} X[u_1^{(k)},u_2^{(k)}](u) \qquad (3-2)$$

其中

$$X[u_1^{(k)},u_2^{(k)}](u) = \begin{cases} 1, & \text{当 } u_1^{(k)} \leq u \leq u_2^{(k)} \\ 0, & \text{其他} \end{cases}$$

据此,可以得到评价值:

$$\bar{U} = \frac{\frac{1}{2}\sum_{k=1}^{n}[(u_2^{(k)})^2 - (u_1^{(k)})^2]}{\sum_{k=1}^{n}[u_2^{(k)} - u_1^{(k)}]} \qquad (3-3)$$

此评价值$\bar{U}$是n个专家评价结果的综合结果。在新一轮评价中把上一轮的结果反馈给专家,专家可以对比自己给出的评价区间是否包含$\bar{U}$,据此在下一轮中修正自己的评价结果。

求得$\bar{U}$后,还可以通过分析样本落影函数$\bar{X}(u)$获得评价专家意见分散的程度及对评价结果的把握程度。

当$u_1^k = u_2^k = e$(常数)

$$\bar{X}(u) = \begin{cases} 1, & u = e \text{ 时} \\ 0, & \text{其他} \end{cases}$$

则评价结果$\bar{U} = e$。此时评价结果可以准确地定量计算。此时评价值$\bar{X}$除点$u = e$时等于1外,其他为0。评价值集中,专家对评价结果完全有把握。

(2)当评价区间分布集中,专家对结果把握程度高。此时$\bar{X}(u)$的形状尖瘦$\max u^k - \min u^k$较小,U接近于1。

(3)n个专家估计区间不集中,$\bar{X}(u)$的形状"扁平",$U_{\max} - U_{\min}$较大,U接近于0。说明评价值分散,专家对评价结果把握程度低。

可以定义

$$g = \frac{\int_{U_{\min}}^{U_{\max}}(u - \bar{u})\bar{X}(u)du}{\int_{U_{\min}}^{U_{\max}}\bar{X}(u)du} \qquad (3-4)$$

能证明

$$g = \frac{\frac{1}{3}\sum_{k=1}^{n}[(u_2^{(k)} - u_1^{(k)}) - (u_1^{(k)} - \bar{u})]}{\sum_{k=1}^{n}[u_2^{(k)} - u_1^{(k)}]}$$

由 g 的定义可知，g 越大，专家对评价值的把握程度越低。

此时可取 $b = 1/(1+g)$ 作为评价值的可靠程度，g 越大 b 越小，可靠程度越低。专家根据上一轮 $\overline{U}$，$\overline{X}(u)$ 的形状，b 值的大小，与自己的取值区间对比，在下一轮中修改，使评价区间越来越集中，$\overline{X}(u)$ 越来越"尖瘦"，b 值越来越大。

3.2.2.4 聚类分析法

聚类分析是数值分类学的基本内容，是对统计样本进行定量分类的一种多元统计分析方法。将这种方法用于综合评价，一方面可以对分类评价问题给出直接的评价结果，另一方面，也可为其他综合评价方法提供训练样本，形成综合评价的框架结构以便提高综合评价的效果。

设 $x_1, x_2, \cdots, x_n$ 为 n 个样本，在第 i 个样本 x_i 与第 j 个样本 x_j 之间建立了一个函数关系：

$$d_{ij} = d(x_i, x_j) = \left[\sum_{k=1}^{p} |x_{ik} - x_{jk}|^p\right]^{\frac{1}{p}} \quad (3-5)$$

称函数 $d_{ij} = d(x_i, x_j)$ 为样本 x_i 与 x_j 间的距离。

聚类分析的基本思路是：将被评价对象每一个单元（或样本）看成一个类，通过相似性度量，逐步将类由多变少；或者将全部被评价对象看成一类，通过相似性度量将类由少变多。也就是说，首先将被评价的 n 个个体看成 n 个类，这时类间距离与样品间距离是相等的；按照被评价对象的评价指标体系的特征，选择适当的"距离"作为不相似性度量，并求出最小类间距离；将最小距离的类并为一类，求出新类与其余类之间的距离，并选出最小类间距离；重复上述步骤，直到所有类归为一类（或几类）；在所取"距离"意义下，画出按相似性或相近程度联结的谱系图；按综合评价的精度要求，选择阈值，确定聚类结果并给出聚类评价的结果。

（1）根据专家对各影响因素的评价矩阵，可以对各影响因素进行聚类分析，用 $G_1, G_2, \cdots, G_r$ 表示 r 个类，用 d_{ij} 表示 i 与 j 之间的距离，用 D_{pq} 表示 G_p 与 G_q 之间的距离。

$$D_{pq} = d_{ij} = \min_{i \in G_p, j \in G_q} d_{ij} \quad (p, q = 1, 2, \cdots, r) \quad (3-6)$$

（2）利用 d_{ij}，计算样本两两间距，形成样本距离对称阵，记为 $D_{(0)}$（此时 $D_{pq} = d_{pq}$）。

（3）选择 $D_{(0)}$ 中的最小元素，设为 D_{pq}，将 G_p 与 G_q 合并为新类 G_e，$G_e = G_p \cup G_q$。

（4）计算新类与其他类间的距离：

$$D_{ek} = \min_{i \in G_p, j \in G_q} d_{ij} = \min \left\{ \min_{i \in G_p, j \in G_k} d_{ij}, \min_{i \in G_p, j \in G_k} d_{ij} \right\} \quad (3-7)$$

并用 D_{ek} 代替 $D_{(0)}$ 中 p、q 行与 p、q 列,得距离对称矩阵 $D_{(1)}$。

(5) 对于 $D_{(1)}$,重复上述步骤,直到所有的类归为一类。如果在 $D_{(k)}$ 中重复上述步骤时,最小元不只一个,则应将对应类同时合并;在给定聚类阈值 T 时,当 $D_{rk} \leq T$ 时,聚类过程可以结束。

根据聚类结果,可以将影响因素粗分为两类,并可以取聚类较好的那一组影响因素为我们所要选用的指标。

3.2.2.5 关联度法

灰色关联度分析是一种多因素统计分析方法,它以各因素的样本数据为依据,用灰色关联度来描述因素间关系的强弱、大小和次序。如果样本数据列反映出两因素变化的态势(方向、大小、速度等)基本一致,则它们之间的关联度较大;反之,关联度就较小。

灰色关联分析是根据数据序列的几何形状、发展态势的接近程度来衡量因素之间的关联程度的。实际上,按照曲线几何形状接近程度的思想来研究分析各因素间的关联程度,可构造许多关联度计算公式,常见的有:邓氏关联度、绝对关联度、相对关联度、斜率关联度、T 型关联度、B 型关联度、欧几里得关联度等。

设参考序列 $X_0 = \{x_0(t), t = 1, 2, \cdots, n\}$,比较序列 $X_i = \{x_i(t), t = 1, 2, \cdots, n\}$ $(i = 1, 2, \cdots, n)$。则可以定义关联度如下:

1. 邓氏关联度

设序列 X_i 与 X_0 在第 t 点的关联系数为

$$\varepsilon_{0i} = \frac{\min_i \min_t |x_0(t) - x_i(t)| + \rho \max_i \max_t |x_0(t) - x_i(t)|}{|x_0(t) - x_i(t)| + \rho \max_i \max_t |x_0(t) - x_i(t)|} \quad (3-8)$$

则称 $\gamma_{0i} = \frac{1}{n} \sum_{t=1}^{n} \varepsilon_{0i}(t)$ 为序列 X_i 与 X_0 的邓氏关联度,其中 $\rho \in (0, 1)$ 为分辨系数。

2. 灰色欧几里得关联度

设 $\varepsilon_{0i}, \gamma_{0i}$ 如上式所示,则称

$$\gamma_{0i} = 1 - \frac{1}{\sqrt{n}} \left[n(\gamma_{0i} - 1)^2 + \sum_{t=1}^{n} (\gamma_{0i} - \varepsilon_{0i}(t))^2 \right]^{\frac{1}{2}} \quad (3-9)$$

为灰色欧几里得关联度。

3. 灰色绝对关联度

设序列 X_i 与 X_0 长度相同,则称下式为序列 X_i 与 X_0 的灰色绝对关联度。

$$\varepsilon_{0i}(t)=\frac{1+|s_0|+|s_i|}{1+|s_0|+|s_i|+|s_0-s_i|} \quad (3-10)$$

其中 $s_0=\int_1^n(X_0(t)-x_0(1))\mathrm{d}t, s_i=\int_1^n(X_i(t)-x_i(1))\mathrm{d}t$。

4. 灰色相对关联度

设序列 X_i 与 X_0 长度相同,且初值皆不等于零,X_0'、X_i' 分别为 X_0、X_i 的初值像,则称 X_0'、X_i' 灰色绝对关联度为 X_0、X_i 的灰色相对关联度。

5. 灰色斜率关联度

设序列 X_i 与 X_0 在 t 时刻的灰色斜率系数为

$$\zeta_{0i}(t)=\frac{1+\left|\dfrac{1}{\bar{x}_0}\cdot\dfrac{\Delta x_0(t)}{\Delta t}\right|}{1+\left|\dfrac{1}{\bar{x}_0}\cdot\dfrac{\Delta x_0(t)}{\Delta t}\right|+\left|\dfrac{1}{\bar{x}_0}\cdot\dfrac{\Delta x_0(t)}{\Delta t}-\dfrac{1}{\bar{x}_i}\cdot\dfrac{\Delta x_i(t)}{\Delta t}\right|} \quad (3-11)$$

则称 $\varepsilon_i=\dfrac{1}{n-1}\sum_{t=1}^{n-1}\zeta_{0i}(t)$ 为 X_i 与 X_0 灰色斜率关联度。其中

$$\bar{x}_0=\frac{1}{n}\cdot\sum_{t=1}^n x_0(t), \bar{x}_i=\frac{1}{n}\cdot\sum_{t=1}^n x_i(t)$$

$$\Delta x_0(t)=x_0(t+\Delta t)-x_0(t), \quad \Delta x_i(t)=x_i(t+\Delta t)-x_i(t)$$

6. 灰色 T 型关联度

设序列 X_i 与 X_0 在 t 时刻的灰色 T 型关联度为

$$\zeta_{0i}(t)=\mathrm{sgn}(\Delta x_0(t)\cdot\Delta x_i(t))\cdot\frac{\min(|\Delta x_0(t)|,|\Delta x_i(t)|)}{\max(|\Delta x_{0i}(t)|,|\Delta x_i(t)|)} \quad (3-12)$$

（当 $\Delta x_0(t)\cdot\Delta x_i(t=0)$ 时, $\zeta_{0i}(t)=0$）

则称 $\gamma_i=\dfrac{1}{n-1}\sum_{t=2}^n\zeta_{0i}(t)$ 为 X_i 与 X_0 在 t 时刻的灰色 T 型关联度。其中

$$x_0(t)=\frac{x_0(t)}{\dfrac{1}{n-1}\cdot\sum_{t=2}^n|x_0(t)-x_0(t-1)|},$$

$$x_i(t)=\frac{x_i(t)}{\dfrac{1}{n-1}\cdot\sum_{t=2}^n|x_i(t)-x_i(t-1)|}$$

$$\Delta x_0(t)=x_0(t)-x_0(t-1), \quad \Delta x_i(t)=x_i(t)-x_i(t-1)(t=2,3,\cdots,n)$$

7. 灰色 B 型关联度

设有序列 X_i 与 X_0,则称下式为序列 X_i 与 X_0 的灰色 B 型关联度。

$$\zeta_{0i}(t) = \cfrac{1}{1 + \cfrac{1}{n}d_{ij}^{(0)} + \cfrac{1}{n-1}d_{ij}^{(1)} + \cfrac{1}{n-2}d_{ij}^{(2)}} \qquad (3-13)$$

其中

$$d_{ij}^{(0)}(t) = \sum_{t=1}^{n} |x_i(t) - x_0(t)|$$

$$d_{ij}^{(1)}(t) = \sum_{t=1}^{n-1} |x_i(t+1) - x_0(t+1) - x_i(t) + x_0(t)|$$

$$d_{ij}^{(2)}(t) = \sum_{t=2}^{n-1} |x_i(t+1) - x_0(t+1) - 2[x_i(t) - x_0(t)] + [x_i(t-1) - x_0(t-1)]|$$

可以根据不同的情况,选择不同的关联度公式来求解各因素间的关联度。若两个因素间关联度大(大于一定的阈值),则说明这两个因素关联性很强,不能同时作为指标出现。

3.2.3 指标选取步骤

在对复杂对象进行评估时,评估指标选取包括以下 6 个步骤:

(1) 列出影响因素。

综合利用脑力风暴法和德尔菲法,主持者提出课题要求,并且提出一些问题,请专家各自提出影响评价目标的主要因素,并将这些因素列出来;反复该过程,并编制出影响因素一览表。

(2) 将影响因素分层。

统计专家提出的影响因素,并请专家根据这些因素确定影响选型评价的程度,采用 10 分制进行打分。将打分结果利用聚类分析的方法,将影响因素进行分类。经过这一步骤,可以初步将影响因素分层。

(3) 将分层后的影响因素进行调整。

将专家召集在一起,对步骤(2)建立的初步指标体系(影响因素体系)进行讨论,看是否有因素明显不适合作为评判指标,是否还有对评判结果有重要影响的因素没有考虑进来;或者步骤(2)建立的层次结构是否有不合理的地方需要调整。进一步建立指标(影响因素)的层次结构。

同时还可让专家对这些影响因素进行打分,再根据这些影响因素权数的大小来确定该因素的取舍,其具体步骤加下:

首先,设步骤(2)建立的层次体系 $F = (f_1, f_2, \cdots, f_n)$,综合考虑每一因素的重要性后,确定各因素的权数(具体方法可以采用 AHP 法或熵法等)。

其次,设权数集为 $\lambda = \lambda_1, \lambda_2, \cdots, \lambda_n$,其中 $\lambda \in [0,1](i=1,2,\cdots,n)$

最后,设取舍权数为 $\lambda_k \in [0,1]$。

当 $\lambda_i < \lambda_k$ 时,则筛选掉该指标,否则保留。

(4) 对步骤(1)建立的指标体系进行调整。

利用历史资料和专家打分,观察步骤(3)建立的层次结构中的任一因素发生变化,对评价所造成的影响,并建立因素变化与评价受影响方面的对应表。利用该表对步骤(3)建立的层次结构中的各层元素进行关联度分析,观察指标之间是否有很强的关联性。如果两个指标之间的关联性很强,根据建立指标的原则,两个因素只能取其中一个作为评判指标或者作为下一级指标进行处理。将该过程得到的结果进行整理,得出新的层次结构。

(5) 对步骤(4)得到的指标体系进行有效性分析。

设评价指标体系 $F = (f_1, f_2, \cdots, f_n)$,参加评价的专家人数为 s,专家 j 对评价目标的评分集为 $X_j = (x_{1j}, x_{2j}, \cdots, x_{nj})$,定义指标 f_i 的效度系数为 β_i,

$$\beta_i = \frac{\sum_{j=1}^{s} |\bar{x}_i - x_{ij}|}{s \cdot M} \tag{3-14}$$

其中,$\bar{x}_i$ 是评价指标 f_i 的评分平均值,$\bar{x} = \frac{1}{s} \sum_{j=1}^{s} x_{ij}$;$M$ 为指标 f_i 的评语集中评分最优值。

定义评价指标体系 F 的效度系数 β:

$$\beta = \frac{1}{n} \sum_{i=1}^{n} \beta_i \tag{3-15}$$

效度系数指标的统计学含义在于它提供了衡量人们用某一评价指标评价目标时产生认识的偏离程度。该指标绝对数越小,表明各专家采用该指标评价目标时对该问题认识越趋向一致,该评价指标体系或指标的有效性就越高;反之亦然。当效度系数小于 0.1 时,我们认为该指标体系的有效性较高。

(6) 对评价指标体系进行稳定性和可靠性分析。

假设存在一组评价数据可以完全、真实地反映评价目标的本质,如果采用设计的指标体系得出的评价数据与该组数据越"相似",则可以认为该评价指标体系得出的评价数据越接近于反映评价目标的本质,该评价指标体系的稳定性和可靠性就越高。基于这些思想,可采用数理统计学中相关系数作为评价指标体系的可靠性系数,反映评价指标体系的可靠性和稳定性。

依据上述假设,计算出专家组评分的平均数据组为 $Y = (y_1, y_2, \cdots, y_n)$,其中

$$y_i = \frac{1}{s} \sum_{j=1}^{s} x_{ij}$$

评价指标体系可靠性系数为 ρ,$\rho = \frac{1}{s} \sum_{j=1}^{s} \rho_j$,其中

$$\rho_j = \frac{\sum (x_{ij} - \bar{x}_j)(y_i - \bar{y})}{\sqrt{\sum_{i=1}^{n}(x_{ij} - \bar{x}_j)^2 \sum_{i=1}^{n}(y_i - \bar{y})^2}} (j = 1, 2, \cdots, s)$$

$$\bar{x}_j = \frac{1}{n}\sum_{i=1}^{n} x_{ij}, \bar{y}_j = \frac{1}{n}\sum_{i=1}^{n} y_i$$

以上公式的统计学含义是以评价指标 f_i 的 s 次评价结果的均值作为理想值，计算 s 次评价数据与其平均值的差异程度，可以反映出采用同一评价指标体系 s 次评价数据的差异性。如果 ρ 越大，表明采用该评价指标体系评价出的评价数据的差异性小一些，该指标体系的可靠性高一些；ρ 越小，表明各专家采用该评价指标体系对于同一评价对象得出评价数据差异较大，其可靠性较差。可靠性系数是对评价指标体系评价结果的可靠性和稳定性的分析。

一般而言，当 $\rho = (0.95, 1.00)$ 时，则认为该评价指标体系的可靠性很高；当 $\rho = (0.85, 0.95)$ 时，则认为该评价指标体系的可靠性较高；当 $\rho = (0.80, 0.85)$ 时，则认为该评价指标体系的可靠性一般；当 $\rho < 0.80$ 时，则认为该评价指标体系的可靠性较差。

重复上述过程，当所建立的指标体系的有效性和稳定性均较高时，即可得到评价指标体系。

3.3 指标权重分析

3.3.1 基本概念

指标权重是指每项指标对总目标实现的贡献程度，它反映了各指标在评估对象中价值地位的系数。权重是各个指标重要性的度量，也就是各指标对总体目标的贡献大小。这一概念反映了三重因素：一是评估主体对目标的重视程度，反映了评估主体的主观差异；二是各个指标数值的差异程度，反映各指标在评估中所起的作用；三是各指标值的可靠性，反映了各指标所提供信息的可靠性。

以装备需求方案评估的指标为例，包括符合作战目的的程度、作战效益和风险度的大小，以及与战场情况的相适应程度等指标。其中，符合作战目的的程度比其他几个更重要，应赋予符合作战目的程度的权重大一些。权重直接影响着评估的结果。权重数值的改变可能引起评估对象优劣顺序的改变。合理确定权重既是重要的，又是相当困难的，因为它们包含评估对象和评估主体等多种因素，这些因素之间的关系又是错综复杂的，一般难于量化。

3.3.2 权重分析方法

目前确定权重的方法有数十种之多。根据计算权重时原始数据的来源不同可以分为主观赋权法、客观赋权法和组合赋权法。

主观赋权法主要有专家咨询法、最小平方和法、AHP法、特征法等,其研究比较成熟。这类方法的特点是能较好地反映评估对象所处的背景条件和评估者的意图,但各个指标权重系数的准确性有赖专家的知识和经验的积累,因而具有较大的主观随意性。

客观赋权法的原始数据来源于评估矩阵的实际数据,如熵值法、拉开档次法、逼近理想点法等。这类方法切断了权重系数的主观来源,使系数具有绝对的客观性,但容易出现"重要指标的权重系数小而不重要"的不合理现象。赋权的原始信息应当直接来源自样本,处理信息的过程应以深入讨论各参数间的相互联系和影响,以及它们对目标的"客观"贡献为依据。然而,这种方法仅能考虑数据自身的结构特性,不能建立各影响指标与评估目标间所呈现的复杂非线性映射关系;有时还需要用变量变换的方法将非线性问题转化为线性问题,这种变换依赖于建模者的经验。

组合赋权法是结合主观赋权法和客观赋权法的各自特点形成的。其做法是:首先分别在主观赋权法和客观赋权法内部找出最合理的主、客观权重系数,再根据具体情况确定主、客观赋权法权重系数所占比例,最后求出综合评估权重系数。这种方法在一定程度上既反映了决策者的主观信息,又可以利用原始数据和数学模型,使权重系数具有客观性。但是其准确性有赖于对主、客观赋权法权重系数所占比例的确定。

下面着重介绍两种原理简单、使用方便的主观权重分析方法。

3.3.2.1 德尔菲法

德尔菲法,即组织若干名对评估系统熟悉的专家,通过一定方式对指标权重独立地发表见解,并用统计方法做适当处理。

其具体做法如下:

(1) 组织 r 个专家,对每个指标 $X_j(j=1,2,\cdots,n)$ 的权重进行估计,得到指标权重估计值 $w_{k1}, w_{k2}, \cdots, w_{kn} (k=1,2,\cdots,r)$;

(2) 计算 r 个专家给出的权重估计值的平均估计值 $\overline{w}_j = \dfrac{1}{r}\sum_{k=1}^{r} w_{kj}, (j=1, 2,\cdots,n)$;

(3) 计算估计值和平均值的偏差 $\Delta_{kj} = |w_{kj} - \overline{w}_j|, (k=1,2,\cdots,r, r=1,2,\cdots,n)$;

（4）对于偏差 Δ_{kj} 较大的第 j 个指标权重估计值，再请第 k 个专家重新估计 w_{kj}，经过几轮反复，直到偏差满足一定的要求为止，最后得到一组指标权重的平均估计修正值 $\overline{w}_j(j=1,2,\cdots,n)$。

3.3.2.2 相对比较法

相对比较法赋权的过程如下：将所有的评估指标 $X_j(j=1,2,\cdots,n)$ 分别按行和列排列，构成一个正方形的表；再根据三级比例标度（或 0~1 打分，0~4 打分，0~10 打分等）对任意两个指标的相对重要关系进行分析，并将评分值记入表中相应的位置；将各个指标评分值按行求和，得到各个指标的评分总和；最后做归一化处理，求得指标的权重系数。

三级比例标度两两相对比较评分的分值为 q_{ij}，则标度值及其含义如下：

$$q_{ij} = \begin{cases} 1, & \text{当 } X_i \text{ 比 } X_j \text{ 重要时} \\ 0.5, & \text{当 } X_i \text{ 比 } X_j \text{ 同样重要时} \\ 0, & \text{当 } X_i \text{ 比 } X_j \text{ 不重要时} \end{cases} \quad (3-16)$$

则评分构成的矩阵 $\boldsymbol{Q} = (q_{ij})_{n \times n}$，显然，$q_{ii} = 0.5$，$q_{ij} + q_{ji} = 1$。则指标 X_i 的权重系数为

$$w_i = \frac{\sum_{j=1}^{n} q_{ij}}{\sum_{i=1}^{n} \sum_{j=1}^{n} q_{ij}} \quad (3-17)$$

使用该方法确定权重时，任意两个指标之间的相对重要程度要有可比性，这种可比性在主观判断评分时，应满足比较的传递性，即 X_1 比 X_2 重要，X_2 比 X_3 重要，则 X_1 比 X_3 重要。

例如有 6 个指标，用相对比较法确定的评分矩阵如下：

$$\boldsymbol{Q} = \begin{bmatrix} 0.5 & 1 & 1 & 1 & 0.5 & 0 \\ 0 & 0.5 & 0.5 & 0.5 & 0 & 0 \\ 0 & 0.5 & 0.5 & 0.5 & 0 & 0 \\ 0 & 0.5 & 0.5 & 0.5 & 0 & 0 \\ 0.5 & 1 & 1 & 1 & 0.5 & 0 \\ 1 & 1 & 1 & 1 & 1 & 0.5 \end{bmatrix} \quad (3-18)$$

则指标权重的计算过程为

$$\begin{bmatrix} 0.5 & 1 & 1 & 1 & 0.5 & 0 \\ 0 & 0.5 & 0.5 & 0.5 & 0 & 0 \\ 0 & 0.5 & 0.5 & 0.5 & 0 & 0 \\ 0 & 0.5 & 0.5 & 0.5 & 0 & 0 \\ 0.5 & 1 & 1 & 1 & 0.5 & 0 \\ 1 & 1 & 1 & 1 & 1 & 0.5 \end{bmatrix} \xrightarrow{\text{按行相加}} \begin{bmatrix} 4 \\ 1.5 \\ 1.5 \\ 1.5 \\ 4 \\ 5.5 \end{bmatrix} \xrightarrow{\text{归一化}} \begin{bmatrix} 0.22 \\ 0.08 \\ 0.08 \\ 0.08 \\ 0.22 \\ 0.31 \end{bmatrix} = \{w_i\}$$

相对比较法也可采用 0~1 打分法，将评估指标相互间做相对比较，重要者得 1 分，不重要者得 0 分，然后将各指标的得分相加，再归一化而得指标的相对权重系数。

3.4 指标取值分析

进行评估的一般流程是根据实际问题的需要建立评估指标体系，然后根据指标体系确定指标集，再根据指标集采集基础数据，选用适当方法进行评估。在这个过程中常常遇到底层指标的处理，如定性指标的评定、定量指标的数值确定，定量指标的无量纲化、归一化等，因此可以把指标的处理看作研究的起点，帮助建立良好的初始条件。

指标数据的处理又称指标值的规范化，主要有 3 个作用：

（1）指标值有多种类型。有的指标值越大越好，如武器射程、装备的机动速度等，称为效益型指标；有些指标值越小越好，如装备的经费、火炮的反应时间等，称为成本型指标。另一些指标既非效益型又非成本型，如在编制中的装备数量，即不能太多导致消耗过大，又不能太少导致没有战斗力。这几类指标放在同一个表中不便于直接从数值大小判断方案的优劣，因此需要对评估矩阵中的数据进行处理，使表中任一指标下性能越优的方案变换后的指标值越大。

（2）无量纲化。多目标评估的困难之一是目标间的不可公度性，即不同指标具有不同的单位（量纲）。即使对同一指标，采用不同的计量单位，表中的数值也有所不同。在评估时，需要排除量纲的选用对评估或评估结果的影响，这就是无量纲化，即设法消去（而不是简单删除）量纲，仅用数值的大小来反映属性值的优劣。

（3）归一化。不同指标的数值大小差别很大，如弹药以发为单位，其数量级往往是万、百万，而装备数量则是个位或百位。为了直观，更为了便于采用各种方法进行评估，需要把指标的数值归一化，即把指标的数值均变换到[0,1]区间上。

此外还可在数据预处理时用非线性变换或其他办法，来解决或部分解决某些目标的达到程度与指标值之间的非线性关系，以及目标间的不完全补偿。

3.4.1 定量指标处理

由于各指标的评估尺度、量纲、变化范围不一样,不同的指标很难在一起进行比较和综合,因此,必须将指标体系中的指标规范化。指标归一化的目的主要是以统一的价值形式解决指标值(包括指标的量纲、量级和最佳值等)的不可公度问题,它是通过一定的数学变换来消除指标量纲影响的方法,即把性质、量纲各异的指标转化为可以进行综合的一个相对数("量化值")。在实际中人们往往不顾各个指标的性质和意义,在处理方法上避难就简,习惯一律采用直线性的处理方法。但对于大多数指标来讲,指标实际值的变化对量化的影响并不是等比例的。因此要根据实际指标和评估方法的情况来选择不同的归一化方法。常见的归一化方法有 3 类:直线型方法、折线型方法和曲线型方法。且通常归一化为无量纲的 0~1 之间的值。

1. 直线型方法

在将指标原始值转化成不受量纲影响的指标标准值时,假定两者成线性关系,指标原始值的变化引起指标标准值一个相应的比例变化。线性无量纲化的方法主要有阈值法、Z – Score 法、比重法等。

阈值法是将指标原始值 x_i 与该种指标的某个阈值相对比,从而使指标原始值转化成标准值的方法。这里,阈值往往采用极大值或极小值等实际数据。也可采用满意值、不允许值等,专门确定阈值。几种阈值法参照表如表 3 – 1 所列。

表 3 – 1 几种阈值法参照表

序号	公式	影响评估因素	评估范围	特 点
1	$y_i = x_i / \max\limits_{1 \leq i \leq m} \{x_i\}$	$x_i, \max\limits_{1 \leq i \leq m}\{x_i\}$	$\left[\dfrac{\min x_i}{\max x_i}, 1\right]$	标准值随指标值增大而增大,标准值不为零,标准值最大为 1
2	$y_i = \dfrac{\max x_i + \min x_i - x_i}{\max x_i}$	$x_i, \max x_i, \min x_i$	$\left[\dfrac{\min x_i}{\max x_i}, 1\right]$	标准值随指标值增大而减小,用于成本型指标的无量纲化
3	$y_i = \dfrac{\max x_i - x_i}{\max x_i - \min x_i}$	$x_i, \max x_i, \min x_i$	$[0, 1]$	标准值随指标值增大而减小,用于成本型指标的无量纲化
4	$y_i = \dfrac{x_i - \min x_i}{\max x_i - \min x_i}$	$x_i, \max x_i, \min x_i$	$[0, 1]$	标准值随指标值增大而增大,标准值最小值为 0,最大值为 1
5	$y_i = \dfrac{x_i - \min x_i}{\max x_i - \min x_i} k + q$	$x_i, \max x_i, \min x_i, k, q$	$[q, k+q]$	标准值随指标值增大而增大,标准值最小为 q,最大为 $k+q$

（1）极值法公式主要有：

$y_i = x_i / \max x_i$

$y_i = (\max x_i - x_i) / \max x_i$

$y_i = x_i / \min x_i$

$y_i = (x_i - \min\limits_{1 \leq i \leq n} x_i) / (\max x_i - \min x_i)$

$y_i = \{(x_i - \min\limits_{1 \leq i \leq n} x_i) / (\max x_i - \min x_i)\} k + q$

使用过程中经常将最后一式中的系数变成百分数，更符合人们的判断习惯，一般取 $0 < k < 100, q = 100 - k$。

（2）Z–Score 法。

要对多组不同量纲的数据进行比较，可以按照统计学原理对指标进行标准化，取

$$y_i = (x_i - \bar{x}) / s \tag{3-19}$$

其中，$\bar{x}, s$ 分别为均值和方差。

指标原始值与标准值的关系如图 3–3 所示。

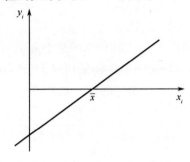

图 3–3　Z–Score 法示意图

可以看出，无论指标原始值如何，指标的标准值总是分布在零的两侧。指标原始值比平均值大的，其标准值为正，反之为负。这种方法与极值法最大的差别在于：第一，它利用了原始数据的所有信息；第二，它要求样本数据较多。

（3）比重法。

比重法是将指标原始值转化为它在指标值总和中所占的比重，主要公式有：

$$y_{ij} = x_{ij} / \sum_{i=1}^{n} x_{ij} \tag{3-20}$$

$$y_{ij} = x_{ij} / \sqrt{\sum_{i=1}^{n} x_{ij}} \tag{3-21}$$

2. 折线型方法

指标在不同区间内的变化，对被评估事物的综合水平影响是不一样的。比

如 x_i 小于某个点 x_m 时，x_i 变化对综合水平影响较大，此时标准值 y_i 也有较大变化；当 x_i 大于某个点 x_m 时，x_i 变化对综合水平影响较小，此时标准值 y_i 应变化较小。在上述情况下，应采用折线型的无量纲方法分段处理。采用极值化方法分段作无量纲处理可得

$$y = \begin{cases} 0, & x = 0 \\ \dfrac{x_i}{x_m} y_m, & 0 < y_m < 1, 0 < x \leq x_m \\ y_m + \dfrac{x_i - x_m}{\max\limits_{1 \leq i \leq n} x_i - x_m}(1 - y_m), & x > x_m \end{cases} \quad (3-22)$$

画出图形如图 3-4 所示。

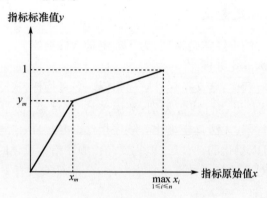

图 3-4 折线无量纲化方法示意图

3. 曲线型方法

曲线型方法意味着指标实际值对评估值的影响不是等比例的。该方法包括升 Γ 型分布、半正态分布、升半哥分布、升凹（凸）分布、升半岭分布等。

4. 最优值为给定区间时的变换

设给定的最优区间为 $[x^0, x^*]$，x' 为无法容忍下限，x'' 为无法容忍上限，则

$$y_i = \begin{cases} 1 - (x^0 - x_i)/(x^0 - x') & \text{若 } x' < x_i < x^0 \\ 1 & \text{若 } x^0 \leq x_i \leq x^* \\ 1 - (x_i - x^*)/(x'' - x^*) & \text{若 } x'' > x_i > x^* \\ 0 & \text{其他} \end{cases} \quad (3-23)$$

变换后的指标标准值 y_i 与原指标值 x_i 之间的函数为一般图形。例如，设装备数量最佳比例为 $[50, 60]$，$x' = 20$，$x'' = 120$，则函数图形如图 3-5 所示。

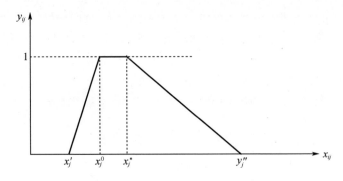

图 3-5　最优指标为区间时的数据处理

3.4.2　定性指标定量化

定性指标在评估中经常会遇到,为了和定量指标组成一个有机的评估体系,也必须对其进行标准化处理。

定性指标中有两类:名义指标和顺序指标。名义指标,实际上只是一种分类的表示。例如性别:男、女;装备类别:装甲装备、轻武器、防空武器、陆航武器。这类指标只能有代码,无法真正量化。顺序指标,如优、良、中、劣;甲等、乙等;等等,这类指标是可以量化的,所以这里主要是指顺序指标量化的方法。

如果将全部对象按某一种性质排出顺序,全部对象共有 n 个,用 $a_1,a_2,\cdots,a_n$ 表示,并且假定:

$$a_1<a_2<\cdots<a_n$$

现在的问题是如何对每个 a_i 赋以一个数值 x_i,x_i 能反映这一前后的顺序。设想这个顺序是反映了某一个难以测量的量,例如一个人感觉到疼痛的程度,从无感觉的痛到有一点痛,到中等疼痛,一直到痛得受不了,比如分为 n 种,记为 $a_1<a_2<\cdots<a_n$。这个疼痛的量是无法测量的,只能比较而排出顺序,设想这个量 x 是客观存在的,可以认为它遵从正态分布 $N(0,1)$,于是 $a_1,a_2,\cdots,a_n$ 分别反映了 x 在不同范围内人的感觉,设 x_i 是相应于 a_i 的值,由于 a_i 在全体 n 个对象中占第 i 位,即小于等于它的成员有 i/n,因此可以想到,若 y_i 为正态 $N(0,1)$ 的 i/n 分位数,即

$$P(x<y_i)=i/n \quad i=1,2,\cdots,n-1$$

那么 $y_1,y_2,\cdots,y_{n-1}$ 将分成了 n 段,如图 3-6 所示:

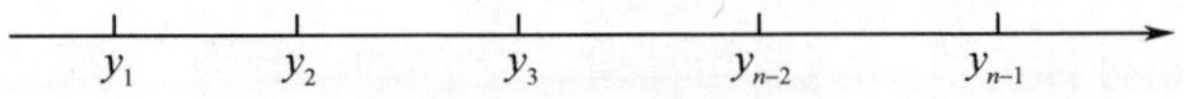

图 3-6　分段图

很明显，a_i 表示它相应的 x_i 值应在 (y_{i-1},y_i) 区间之内，在 (y_{i-1},y_i) 中选哪一个为代表才好呢？自然要考虑概率分布，比较简便的操作方法就是选中位数，即 x_i 满足

$$P(x<x_i)=(i-1)/n+1/2n=(i-0.5)/n \quad i=1,2,\cdots,n$$

其中 x 服从 $N(0,1)$ 的正态分布。于是利用正态概率表，很快就可以查出相应的各个 x_i，这样就把顺序变量定量化了。

把这个方法稍作推广，就可以处理等级数据的量化了。例如评估一个部队优、良、中、差四级的数量如表 3-2 所列。

表 3-2 数量分布表

等级成绩 y_i	差 y_1	中 y_2	良 y_3	优 y_4
人数 f_i	2	10	28	10
占全部人数的百分比	0.04	0.20	0.56	0.20
从差到 y_i 的累计百分数	0.04	0.24	0.80	1.00

差、中、良、优各自对应的量化值 x_i 该如何确定呢？设想成绩是呈正态分布的，因此可以假定未观察到的成绩 $x \sim N(0,1)$，现在

y_1: 0.04 $P(x<x_1)=1/2(0.04)=0.02$

y_2: 0.04 $P(x<x_2)=0.04+1/2(0.20)=0.14$

y_3: 0.04 $P(x<x_3)=0.24+1/2(0.56)=0.52$

y_4: 0.04 $P(x<x_4)=0.80+1/2(0.20)=0.90$

查正态分布表，就得到

0.02 对应的 $x_1=-2.055$

0.14 对应的 $x_2=-1.080$

0.52 对应的 $x_3=0.052$

0.90 对应的 $x_4=1.283$

这样就把等级改为"标准分"的成绩。

将上述方法用一般化的公式来描述，若用统计的术语来叙述，使公式更易于理解和表示。设 u_α 使

$$\int_{-\infty}^{u_\alpha}\frac{1}{\sqrt{2\pi}}e^{-\frac{x^2}{2}}dx=\alpha$$

则称 u_α 是标准正态分布 $N(0,1)$ 的 α 分位数，因此上面例子中的 x_i，可以用 α 分位数表示：

$$x_1=u_{0.02},\quad x_2=u_{0.14},\quad x_3=u_{0.52},\quad x_4=u_{0.90}$$

一般来说，若有 k 类 $a_1,a_2,\cdots,a_k$，a_1 最差，a_2 比 a_1 好，依次递升，a_k 最好，a_i

类各占的比例和累计的比例为

类 $a_1, a_2, a_3, \cdots, a_k$

各占的比例为 $p_1, p_2, p_3, \cdots, p_k$

累计(由 a_1 起始)的比例为 $p_1, p_1 + p_2, p_1 + p_2 + p_3, \cdots, 1$

于是可得对应的性质：

$$P(x < x_i) = \sum_{j=1}^{i-1} p_j + \frac{1}{2} p_j \quad i = 1, 2, \cdots, k$$

用 $N(0,1)$ 的 α 分位数 u_α 来表示,可以给出一般化的公式：

$$\begin{cases} x_1 = u_{p_1/2} \\ x_2 = u_{p_1 + \frac{1}{2}p_2} \\ \vdots \\ x_i = u_{\sum_{j=1}^{i-1} p_j + \frac{1}{2}p_i} \\ \vdots \\ x_k = u_{\sum_{j=1}^{k-1} p_j + \frac{1}{2}p_k} \end{cases} \quad (3-24)$$

3.5 常用评估方法

3.5.1 层次分析法

层次分析法(AHP)是一种综合了定性与定量分析、使人脑决策思维模型化的评估方法,它是由美国著名运筹学家、匹兹堡大学教授 R. L. Saaey(萨迪)于 20 世纪 70 年代初提出的,是一种专门用于解决复杂系统评估的方法。

人们在进行系统分析评估中,面对的常常是一个由相互关联、相互制约的众多因素构成的复杂系统,而且往往缺少定量数据。层次分析法为这类问题的评估和排序提供了一种新的、简洁而实用的建模方法。运用层次分析法建模,大体上可按下面 4 个步骤进行：

1. 建立层次结构模型

应用 AHP 分析决策问题时,首先要把问题条理化、层次化,构造出一个有层次的结构模型。在这个模型下,复杂问题被分解为元素的集合。这些元素又按其属性及关系形成若干层次。上一层次的元素作为准则对下一层次有关元素起支配作用。这些层次可以分为 3 类：

(1) 目标层:这一层次中只有一个元素,一般它是分析问题的预定目标或理想结果,因此也称为目标层。

（2）准则层：这一层次中包含了为实现目标所涉及的中间环节，它可以由若干个层次组成，包括所需考虑的准则、子准则，因此也称为准则层。

（3）方案层：这一层次包括了为实现目标可供选择的各种措施、决策方案等，因此也称为措施层或方案层。

层次结构中的层次数与问题的复杂程度及需要分析的详尽程度有关，一般层次数不受限制。每一层次中各元素所支配的元素一般不要超过 9 个。这是因为支配的元素过多会给两两比较判断带来困难。

2. 构造判断矩阵

层次结构反映了因素之间的关系，但准则层中的各准则在目标衡量中所占的比重并不一定相同，在评估者的心目中，它们各占有一定的比例。

在确定影响某因素的诸因子在该因素中所占的比重时，遇到的主要困难是这些比重常常不易定量化。此外，当影响某因素的因子较多时，直接考虑各因子对该因素有多大程度的影响时，常常会因考虑不周全、顾此失彼而使评估者提出与他实际认为的重要性程度不相一致的数据，甚至有可能提出一组隐含矛盾的数据。为看清这一点，可作如下假设：将一块重为 1kg 的石块砸成 n 小块，你可以精确称出它们的重量，设为 $w_1,\cdots,w_n$，现在，请人估计这 n 小块的重量占总重量的比例（不能让他知道各小石块的重量），此人不仅很难给出精确的比值，而且完全可能因顾此失彼而提供彼此矛盾的数据。

设现在要比较 n 个因子 $X=\{x_1,\cdots,x_n\}$ 对某因素 Z 的影响大小，怎样比较才能提供可信的数据呢？Saaty 等人建议可以采取对因子进行两两比较建立成对比较矩阵的办法。即每次取两个因子 x_i 和 x_j，以 a_{ij} 表示 x_i 和 x_j 对 Z 的影响大小之比，全部比较结果用矩阵 $A=(a_{ij})_{n\times n}$ 表示，称 A 为 $Z-X$ 之间的成对比较判断矩阵（简称判断矩阵）。容易看出，若 x_i 与 x_j 对 Z 的影响之比为 a_{ij}，则 x_j 与 x_i 对 Z 的影响之比应为 $a_{ji}=\dfrac{1}{a_{ij}}$。

定义 1 若矩阵 $A=(a_{ij})_{n\times n}$ 满足

(1) $a_{ij}>0$；

(2) $a_{ji}=\dfrac{1}{a_{ij}}(i,j=1,2,\cdots,n)$。

则称为正互反矩阵（易见 $a_{ii}=1, i=1,\cdots,n$）。

如何确定 a_{ij} 的值，Saaty 等人建议引用数字 1~9 及其倒数作为标度。

从心理学观点来看，分级太多会超越人们的判断能力，既增加了判断的难度，又容易因此而提供虚假数据。Saaty 等人还用实验方法比较了在各种不同标度下人们判断结果的正确性，实验结果也表明，采用 1~9 标度最为合适。

3. 层次单排序及一致性检验

判断矩阵 A 对应于最大特征值 $\lambda_{\max}$ 的特征向量 W，经归一化后即为同一层次相应因素对于上一层次某因素相对重要性的排序权值，这一过程称为层次单排序。

上述构造成对比较判断矩阵的办法虽能减少其他因素的干扰，较客观地反映出一对因子影响力的差别。但综合全部比较结果时，其中难免包含一定程度的非一致性。如果比较结果是前后完全一致的，则矩阵 A 的元素还应当满足：

$$a_{ij}a_{jk} = a_{ik}, \quad \forall i,j,k = 1,2,\cdots,n$$

定义 2 满足上述关系的正互反矩阵称为一致矩阵。

需要检验构造出来的（正互反）判断矩阵 A 是否严重得非一致，以便确定是否接受 A。

定理 1 正互反矩阵 A 的最大特征值 $\lambda_{\max}$ 必为正实数，其对应特征向量的所有分量均为正实数。A 的其余特征值的模均严格小于 $\lambda_{\max}$。

定理 2 若 A 为一致矩阵，则

（1）A 必为正互反矩阵。

（2）A 的转置矩阵 A^{T} 也是一致矩阵。

（3）A 的任意两行成比例，比例因子大于零，从而 $\mathrm{rank}(A) = 1$（同样，A 的任意两列也成比例）。

（4）A 的最大特征值 $\lambda_{\max} = n$，其中 n 为矩阵 A 的阶。A 的其余特征根均为零。

（5）若 A 的最大特征值 $\lambda_{\max}$ 对应的特征向量为 $W = (w_1,\cdots,w_n)^{\mathrm{T}}$，则 $a_{ij} = \dfrac{w_i}{w_j}$，$\forall i,j = 1,2,\cdots,n$，即

$$A = \begin{bmatrix} \dfrac{w_1}{w_1} & \dfrac{w_1}{w_2} & \cdots & \dfrac{w_1}{w_n} \\ \dfrac{w_2}{w_1} & \dfrac{w_2}{w_2} & \cdots & \dfrac{w_2}{w_n} \\ \cdots & \cdots & \cdots & \cdots \\ \dfrac{w_n}{w_1} & \dfrac{w_n}{w_2} & \cdots & \dfrac{w_n}{w_n} \end{bmatrix} \qquad (3-25)$$

定理 3 n 阶正互反矩阵 A 为一致矩阵当且仅当其最大特征值 $\lambda_{\max} = n$，且当正互反矩阵 A 非一致时，必有 $\lambda_{\max} > n$。

根据定理 3，可以由 $\lambda_{\max}$ 是否等于 n 来检验判断矩阵 A 是否为一致矩阵。由于特征值连续地依赖于 a_{ij}，故 $\lambda_{\max}$ 比 n 大得越多，A 的非一致性程度也就越严

重,$\lambda_{\max}$对应的标准化特征向量也就越不能真实地反映出$X = \{x_1,\cdots,x_n\}$在对因素Z的影响中所占的比重。因此,对决策者提供的判断矩阵有必要做一次一致性检验,以决定是否能接受它。

对判断矩阵的一致性检验的步骤如下:

(1) 计算一致性指标CI:

$$CI = \frac{\lambda_{\max} - n}{n - 1}$$

(2) 查找相应的平均随机一致性指标RI。对$n = 1,\cdots,9$,Saaty给出了RI值,如表3-3所列。

表3-3 RI值

n	1	2	3	4	5	6	7	8	9
RI	0	0	0.58	0.90	1.12	1.24	1.32	1.41	1.45

RI值是这样得到的,用随机方法构造500个样本矩阵:随机地从1~9及其倒数中抽取数字构造正互反矩阵,求得最大特征值的平均值$\lambda'_{\max}$,并定义

$$RI = \frac{\lambda'_{\max} - n}{n - 1}。 \quad (3-26)$$

(3) 计算一致性比例CR:

$$CR = \frac{CI}{RI} \quad (3-27)$$

当$CR < 0.10$时,认为判断矩阵的一致性是可以接受的,否则应对判断矩阵做适当修正。

4. 层次总排序及一致性检验

上面得到的是一组元素对其上一层中某元素的权重向量。最终要得到各元素,特别是最低层中各方案对于目标的排序权重,从而进行方案选择。总排序权重要自上而下地将单准则下的权重进行合成。

设上一层次(A层)包含$A_1,\cdots,A_m$共m个因素,它们的层次总排序权重分别为$a_1,\cdots,a_m$。又设其后的下一层次(B层)包含n个因素$B_1,\cdots,B_n$,它们关于A_j的层次单排序权重分别为$b_{1j},\cdots,b_{nj}$(当B_i与A_j无关联时,$b_{ij}=0$)。现求B层中各因素关于总目标的权重,即求B层各因素的层次总排序权重$b_1,\cdots,b_n$,计算按表3-4所列方式进行,即$b_i = \sum_{j=1}^{m} b_{ij}a_j, i = 1,\cdots,n$。

对层次总排序也需做一致性检验,检验仍像层次总排序那样由高层到低层逐层进行。这是因为虽然各层次均已经过层次单排序的一致性检验,各成对比较判断矩阵都已具有较为满意的一致性。但当综合考察时,各层次的非一致性仍有可能积累起来,引起最终分析结果较严重的非一致性。

表 3-4 排序表

层B \ 层A	A_1 a_1	A_2 a_2	...	A_m a_m	B 层总排序权值
B_1	b_{11}	b_{12}	...	b_{1m}	$\sum_{j=1}^{m} b_{1j} a_j$
B_2	b_{21}	b_{22}	...	b_{2m}	$\sum_{j=1}^{m} b_{2j} a_j$
...	...	...	...	...	...
B_n	b_{n1}	b_{n2}	...	b_{nm}	$\sum_{j=1}^{m} b_{nj} a_j$

设 B 层中与 A_j 相关的因素的成对比较判断矩阵在单排序中经一致性检验，求得单排序一致性指标为 $CI(j)$ ($j=1,\cdots,m$)，相应的平均随机一致性指标为 $RI(j)$（$CI(j)$、$RI(j)$ 已在层次单排序时求得），则 B 层总排序随机一致性比例为

$$CR = \frac{\sum_{j=1}^{m} CI(j) a_j}{\sum_{j=1}^{m} RI(j) a_j} \tag{3-28}$$

当 $CR < 0.10$ 时，认为层次总排序结果具有较满意的一致性并接受该分析结果。

层次分析法适于评估对象结构比较复杂，各个指标间不存在相互强耦合的情况。其优点是操作简明，定性和定量相结合，应用范围广泛；缺点是比较、判断、结果均较为粗糙，不适合精度要求高的问题，人的主观因素大，有可能使判断结果存在偏差。

3.5.2 理想点法

理想点法是一种多属性评估方法，它要求最后的评判结果应与理想方案距离最近，与最差方案距离最远，符合人们通常认识事物的规律。其基本步骤如下：

(1) 设一个多指标评估问题有 n 个待优选方案，记为 $A = \{a_1, a_2, \cdots, a_n\}$；$m$ 个评估方案优劣的指标集，记为 $C = \{c_1, c_2, \cdots, c_m\}$；评估矩阵记为 X。

(2) 无量纲化评估矩阵。比较各指标值，消除不同指标间的不可公度性的影响，便于分析评估，做如下变换：

若 c_j 是效益型指标，即指标数值越大，对于评估结果越有利的指标（对于作战如：蓝方毁伤数等），则令

$$z_{ij} = \frac{y_{ij}}{\max\{y_{ij} | 1 \leq i \leq n\}} \tag{3-29}$$

若 c_j 是成本型指标,即指标数值越大,对于评估结果越有害的指标(对于作战如:红方毁伤数等),则令

$$z_{ij} = \frac{\min\{y_{ij} | 1 \leq i \leq n\}}{y_{ij}} \qquad (3-30)$$

若 c_j 是适中型指标,评估者最满意的值为 $a_j^\#$(如作战展开地幅),则令

$$z_{ij} = \frac{\max\{|y_{ij} - a_j^\#| | 1 \leq i \leq n\} - |y_{ij} - a_j^\#|}{\max\{|y_{ij} - a_j^\#| | 1 \leq i \leq n\} - \min\{|y_{ij} - a_j^\#| | 1 \leq i \leq n\}} \qquad (3-31)$$

(3)加权单位化矩阵。将各指标值化为无量纲的量,单位化各元素;$r_{ij} = z_{ij}/\sqrt{\sum_{i=1}^{m} x_{ij}^2}$。由专家调查法或 AHP(层次分析法)得到各项指标的归一化权重向量为 $W = (w_1, w_2, \cdots, w_m)$。加权评估矩阵为 X,其中 $x_{ij} = (r_{ij}w_j)$。

(4)确定参考的正理想点和负理想点。取各指标的最大值构成正理想点,即 $x_i^+ = \max_j x_{ij}(i=1,2,\cdots,m;j=1,2,\cdots,n)$;而取各指标的最小值构成负理想点,即 $x_i^- = \min_j x_{ij}(i=1,2,\cdots,m;j=1,2,\cdots,n)$。

(5)计算与正理想点和负理想点的欧几里得距离。定义:

$$L_i = \sqrt{\sum_{j=1}^{m}(x_{ij}-x_j^+)^2} \text{ 与 } D_i = \sqrt{\sum_{j=1}^{m}(x_{ij}-x_j^-)^2} \qquad (3-32)$$

分别称为方案 $A_i(i=1,2,\cdots,n)$ 对理想方案 A^* 和负理想方案 A^- 的贴近度。

(6)确定评估系数。最终评估作战方案与理想方案的接近程度来评估作战方案的优劣。

评估系数 C_{ij} 的定义如下:

$$C_i = D_i/(L_i + D_i) \quad 0 < C_i < 1, \quad (i=1,2,\cdots,n) \qquad (3-33)$$

显然,当 $A_i = A^*$, $C_i = 1$;当 $A_i = A^-$, $C_i = 0$;C_i 越接近 1, A_i 越接近 A^*。对于特定作战方案最后定量的评估,以及各个作战方案的优劣顺序,由 C_i 的大小确定。

3.5.3 模糊综合评判法

模糊综合评判法是以模糊数学为基础,应用模糊关系合成原理,对受到多种因素制约的事物或对象的一些边界不清、不易定量的因素定量化,按多项模糊的准则参数对备选方案进行综合评判;再根据综合评判结果对各备选方案进行比较排序,选出最好方案的一种方法。

1. 基本步骤

(1)建立评判对象因素集 $U = \{u_1, u_2, \cdots, u_n\}$。因素就是对象的各种属性

或性能,在不同场合,也称为参数指标或质量指标,它们能综合地反映出对象的质量,因而可由这些因素来评估对象。

(2) 建立评判集 $V = \{v_1, v_2, \cdots, v_n\}$。如训练结果的优良中差,评判集是等级的集合,是适应程度的集合。

(3) 建立单因素评判,即建立一个从 U 到 $F(V)$ 的模糊映射:

$$f: U \to F(V), \forall u_i \in U$$

$$u_i \bigg| \to f(u_i) = \frac{r_{i1}}{v_1} + \frac{r_{i2}}{v_2} + \cdots + \frac{r_{im}}{v_m}$$

$$0 \leqslant r_{ij} \leqslant 1, \quad 1 \leqslant i \leqslant n, \quad 1 \leqslant j \leqslant m$$

由 f 可以诱导出模糊关系,得到模糊矩阵:

$$R = \begin{bmatrix} r_{11} & r_{12} & \cdots & r_{1m} \\ r_{21} & r_{22} & \cdots & r_{2m} \\ \cdots & \cdots & \cdots & \cdots \\ r_{n1} & r_{n2} & \cdots & r_{nm} \end{bmatrix} \tag{3-34}$$

称 R 为单因素评判矩阵,于是 (U, V, R) 构成了一个综合评判模型。

(4) 综合评判。由于对 U 中各个因素有不同的侧重,需要对每个因素赋予不同的权重,它可表示为 U 上的一个模糊子集 $A = \{a_1, a_2, \cdots, a_n\}$,且规定 $\sum_{i=1}^{n} a_i = 1$。

在 R 与 A 求出之后,则综合评判模型为 $S = A \circ R$。记 $S = \{S_1, S_2, \cdots, S_m\}$,它是 V 上的一个模糊子集,其中"。"为模糊合成算子,通常有 4 种算子:$M(\land, \lor)$ 算子,$M(\cdot, \lor)$ 算子,$M(\land, \oplus)$ 算子,$M(\cdot, \oplus)$ 算子。如果评判结果 $\sum_{j=1}^{n} S_j \neq 1$,就对其结果进行归一化处理。

从上述模糊综合评判的 4 个步骤可以看出,建立单因素评判矩阵 R 和确定权重分配 A 是两项关键性的工作,但同时又没有统一的格式可以遵循,一般可采用统计实验或专家评分的方法求出。

2. 模糊合成算子的处理

在综合评判模型中,"。"为模糊合成算子。进行模糊变换时要选择适宜的模糊合成算子。

(1) $M(\land, \lor)$ 算子:$S_k = \bigvee_{j=1}^{m} (\mu_j \land r_{jk}) = \max_{1 \leqslant j \leqslant m} \{\min(\mu_j, r_{jk})\}, k = 1, 2, \cdots, n$,符号"$\land$"为取小,"$\lor$"为取大。

(2) $M(\cdot, \lor)$ 算子 $S_k = \bigvee_{j=1}^{m} (\mu_j \cdot r_{jk}) = \max_{1 \leqslant j \leqslant m} \{\mu_j \cdot r_{jk}\}, k = 1, 2, \cdots, n$。

(3) $M(\land, \oplus)$ 算子,"$\oplus$"是有界和运算,即在有界限制下的普通加法运算。对 t 个实数 $x_1, x_2, \cdots, x_t$ 有 $x_1 \oplus x_2 \oplus \cdots \oplus x_t = \min\left\{1, \sum_{i=1}^{t} x_i\right\}$。利用 $M(\wedge, \oplus)$ 算子,有 $S_k = \min\left\{1, \sum_{j=1}^{m} \min(\mu_j, r_{jk})\right\}, k = 1, 2, \cdots, n$。

(4) $M(\cdot, \oplus)$ 算子,$S_k = \min\left(1, \sum_{j=1}^{m} \mu_j r_{jk}\right), k = 1, 2, \cdots, n$。

以上 4 个算子在综合评估中的特点如表 3-5 所列。

表 3-5 算子的特点

特点	算子			
	$M(\wedge, \vee)$	$M(\cdot, \vee)$	$M(\wedge, \oplus)$	$M(\cdot, \oplus)$
体现权数作用	不明显	明显	不明显	明显
综合程度	弱	弱	强	强
利用 R 的信息	不充分	不充分	比较充分	充分
类型	主因素突出型	主因素突出型	加权平均型	加权平均型

$M(\wedge, \vee)$ 和 $M(\cdot, \vee)$ 在运算中能突出对综合评判起作用的主要因素,在确定 W 时不一定要求其分量之和为 1,即不一定是权向量,故为主因素突出型。

$M(\wedge, \oplus)$ 和 $M(\cdot, \oplus)$ 在运算时兼顾了各因素的作用,W 为名副其实的权向量,应满足各分量之和为 1,故为加权平均型。

3. 评判结果分析

最后通过对模糊评判向量 S 的分析做出综合结论。一般可以采用以下 3 种方法:

(1) 最大隶属原则。

模糊评判集 $S = (S_1, S_2, \cdots, S_n)$ 中 S_i 为等级 v_i 对模糊评判集 S 的隶属度,按最大隶属度原则做出评估结论,即

$$M = \max(S_1, S_2, \cdots, S_n)$$

M 所对应的元素为评估结果。该方法虽简单易行,但只考虑隶属度最大的点,其他点没有考虑,损失的信息较多。

(2) 加权平均原则。

加权平均原则将等级看作一种相对位置,使其连续化。为了能定量处理,不妨用"$1, 2, \cdots, n$"依次表示各等级,并称其为各等级的秩。然后用 S 中对应分量将各等级的秩加权求和,得到被评事物的相对位置。这就是加权平均原则,可表示为

$$u^* = \frac{\sum_{i=1}^{n} \mu(v_i) \cdot s_i^k}{\sum_{i=1}^{n} s_i^k} \tag{3-35}$$

其中 k 为待定系数($k=1$ 或 $k=2$),目的是控制较大的 s_i 所起的作用。可以证明,当 $k\to\infty$ 时,加权平均原则就是最大隶属原则。

(3) 模糊向量单值化。

如果给等级赋予分值,然后用 S 中对应的隶属度将分值加权求平均就可以得到一个点值,便于比较排序。

设给 n 个等级依次赋予分值 $c_1, c_2, \cdots, c_n$,一般情况下(等级由高到低或由好到差),$c_1 > c_2 > \cdots > c_n$,且间距相等,则模糊向量可单值化为

$$c = \frac{\sum_{i=1}^{n} c_i \cdot s_i^k}{\sum_{i=1}^{n} s_i^k} \tag{3-36}$$

其中 k 的含义与作用同式(3-35)中的 k 相同。多个被评事物可以依据式(3-36)由大到小排出次序。

以上 3 种方法可以依据评估目的来选用,如果需要序化,可选用后两种方法,如果只需给出某事物一个总体评估结论,则用第一种方法。

3.5.4 价值评估法

3.5.4.1 基本原理

价值评估法(Value-Focused Thinking, VFT)方法,是 20 世纪 90 年代由美国南加利福尼亚大学的 Ralph L. Keeney 教授提出的一种创造性的决策分析方法。其出发点是:"潜在的价值观是指导人们进行决策和行动的关键因素。"价值中心法的思路是,首先要求按照个人价值观理解需要解决的问题,然后再自由创造或选择任何满足需求的方案。比如,军事指挥人员关心武器装备是否能完成使命任务,装备研发人员关心武器装备的研制成本及风险,将这些不同的、对于武器装备的价值取向结合起来,赋予相应的权重,即可得到武器装备的综合价值。VFT 方法以价值模型为基础,依据决策者的价值偏好设计权重,按照统一的标准对各个备选方案进行评分,得到各个备选方案基于同一标准的分数(价值),进而依据方案的价值对它们进行排序。这种评估方法以相同的价值标准来评价对象,具有较好的独立性,不会在评价对象之间进行两两比较,即使新增多个评估对象,也不需要重复执行原有的评估过程。

VFT 的分析步骤如图 3-7 所示。

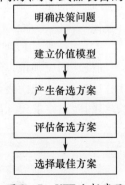

图 3-7 VFT 分析步骤

（1）明确决策问题。明确决策问题的核心是确定需要实现的总体目标，代表了决策者的最高期望。

（2）建立价值模型。价值模型，又称为价值树或者价值体系，是一种树状分支结构，并以总体目标作为顶层的决策目标，总体目标逐层向下不断分解，直到确定便于量化的子目标。

（3）产生备选方案。价值模型和权重分配完成以后，决策分析人员就可以围绕总体目标确定各个备选方案。

（4）评估备选方案。确定备选方案后，决策分析人员就可以利用价值模型分别针对每一个备选方案进行评估。

（5）选择最佳方案。由于价值模型反映了决策分析人员的价值观，因此在所有的备选方案中，综合评分高的方案在决策中将具有更高的优先级，而综合评分最高的方案就是能够满足决策目标的最佳方案。

3.5.4.2 主要特点

Keeney教授的价值理论认为：人们对价值的关注度要高于对既有方案的关注度，即评判任务优劣的重点应集中于任务所具有的价值上。

一是评估决策过程要具备扩展性。以AHP方法为例，其决策依靠的是备选方案之间的"两两对比"，若在原备选方案中加入新的项目，则必须全部重新对比，工作量巨大，使用不便，随着武器装备对抗由"型号对抗"向"体系对抗"的转变趋势日渐增强，装备需求方案的灵活性也不断增强，以往这种"牵一发而动全身"式的评估决策方式已经不能适应未来发展之需。

二是评估决策方法要具有客观性。装备需求论证是武器装备需求的开发和验证过程，是为武器装备发展规划提供依据的研究工作，论证结论直接决定未来武器装备发展的方向与程度，并进一步影响军队、国家发展，作用非常重要。装备需求务必要做到科学、严谨。通过一种定量分析为主的方法对装备需求方案进行优选显得尤为重要。

VFT作为一种适合于高度主观决策情况的创造性的决策分析方法，由于其决策过程是利用价值模型对备选方案进行评估，不涉及备选方案之间的比较，所以在决策过程中新增备选方案对整体不产生影响。VFT在运用中虽然价值模型的构造主要依靠主观定性判断，但其对备选方案的评估过程是一个完全客观的分析计算过程，评估结论可信度更高。而且，在用VFT对装备需求价值进行评估的过程中，价值模型的本质是对装备需求方案的价值进行评价，评价的焦点应集中于装备需求的有效性与可接受程度。

3.5.4.3 评估步骤

基于 VFT 的装备需求评估方法,包括以下 4 个步骤:

(1) 建立装备需求与评估准则矩阵。将所有提出的装备需求与价值模型中的所有评价准则相关联,构成如表 3-6 所列的装备需求评估准则矩阵。同时,将每一项装备需求针对每一项评价准则的指标数据填入矩阵。

表 3-6 装备需求评估准则

	评价准则 1	评价准则 2	……	评价准则 n
装备需求 1	m_{11}	m_{12}		m_{1n}
装备需求 2	m_{21}	m_{22}		m_{2n}
……				
装备需求 m	m_{m1}	m_{m2}	……	m_{mn}

(2) 权重转换。权重转换是将各项评价准则的"局部权重"转换为"全局权重"。其中,局部权重代表了每项评价准则对其上一层目标的贡献,而全局权重则代表了评价准则对总体目标的贡献。

(3) 装备需求初始评分。在建立作战装备需求评估准则矩阵的基础上,利用评分函数计算每一个装备需求对每一项评价准则的价值评分,即 $v_{ij}=f_j(m_{ij})$,其中 v_{ij} 表示第 i 个装备需求对第 j 项评价准则的原始评分,$f_j(x)$ 表示第 j 项评价准则的评分函数。

(4) 装备需求价值评估。一旦原始评分完毕,就可以按如下方法对每一个装备需求进行价值评估。

$$E_i = \sum_{j=1}^{n} \lambda_j \times v_{ij}$$

式中:E_i 表示第 i 个装备需求的价值评分;λ_j 表示第 j 项评价准则的全局权重。

第4章 指挥信息系统使命任务需求分析方法

使命任务需求是指挥信息系统作战需求的具体体现,是战争演化规律和国防发展战略对指挥信息系统发展提出的必然要求,它一方面反映了指挥信息系统的作战运用规律,另一方面对指挥信息系统的功能、结构和战术技术性能指标提出了明确的要求,是指挥信息系统需求论证的主要内容。明确界定指挥信息系统使命任务需求内容,科学选择指挥信息系统使命任务需求分析方法,提高使命任务需求分析的科学性和准确度,是使命任务需求分析研究的重点内容,对于提高指挥信息系统需求论证质量具有重要意义。

4.1 概述

4.1.1 基本概念

1. 使命与任务

使命与任务是两个不同的概念,具有相近的内涵,但侧重点明显不同。

通常,《现代汉语词典》中使命用来"比喻重大的责任",是指使命主体在一定历史阶段内人类实践所应担当的责任,使命主体往往具有群体性和时代性特色,使命内容也往往比较模糊、抽象。如《军语》(2011版)中,军事历史使命是指军队在一个较长的历史时期内所承担的重大职责和基本任务,它集中体现了军队的性质、宗旨和职能,规定着军队建设的发展方向、奋斗目标和指导原则。21世纪前10年中国人民解放军的历史使命是中国人民解放军在新世纪新阶段的根本职能和任务,其内容是为党巩固执政地位提供重要的力量保证,为维护国家发展的重要战略机遇期提供坚强的安全保障,为维护国家利益提供有力的战略支撑,为维护世界和平与促进共同发展发挥重要作用。这种使命仅仅为未来中国人民解放军的发展建设提出了目标和方向,但是不易直接了解未来中国人民解放军发展建设的具体内容和要求,描述比较抽象、宏观与模糊。

任务一般指"交派的工作",由一系列相互联系的活动组成,其目的是完成任务,对完成工作的时间、空间和效果等要求具有明确的规定,任务主体通常能够根据自身的物质条件和精神条件按要求完成任务。美军在《通用作战任务清单(4.0版)》中也将任务定义为"基于条令、战术、技术、程序与组织的标准操作程序的个别行动,它是确保个人或组织完成使命的一种不连续的活动或行动"。如作战任务指作战力量为达成预定作战目的而担负的任务,按类型可分为进攻作战任务和防御作战任务,它明确了作战任务的总体目标,隐含了完成作战任务所必须考虑的作战对手、战场环境和作战力量等因素,任务内容相对明确、具体。

由使命与任务的定义可知,使命和任务是相互联系的概念,任务是使命的具体化和实例化;任务由一系列活动组成,通过任务能够清晰地描述使命的目标和完成过程。同时,使命与任务具有相同的主体。使命与任务的关系并不是一成不变的,当社会、经济、自然等条件发生变化时,主体的任务会随着使命的变化而变化。

2. 使命任务

使命任务是使命与任务两个概念的合成,是指一定历史阶段内主体所担负的责任及其具体任务,其同时包含了使命和任务两个概念的基本内涵。因此,在使命任务研究时,既要充分研究主体的使命内容与特征,又要深入剖析主体的任务组成与特点,实现主体使命与任务的有机统一。

指挥信息系统的使命任务是指为完成一定历史时期内军队历史使命,指挥信息系统所担负的主要责任及其任务,它规定了一定历史时期内指挥信息系统所必须遵守的根本职能要求和具体任务要求,是指导指挥信息系统科学发展的根本依据,也是检验指挥信息系统建设质量的唯一标准。

军用无人潜航器(UUV)是以军用作战为目的的无人潜航器,它通过携带多种传感器和作战模块,执行警戒、侦察、监视、跟踪、探雷、灭雷以及中继通信等多种作战任务,是自主航行和智能作业的无人智能化武器装备平台。下面以军用无人潜航器为例,说明指挥信息系统使命与任务的区别与统一。

当前,军用无人潜航器的使命可描述为:在未来海战中,UUV 是夺取水下作战优势的力量倍增器;它可以独立作战,也可以作为网络中心战的节点,通过水下局域网或水面通信,接受有人平台的指挥,参加各种作战;UUV 也可以避免人员的直接伤亡,以及有效执行各种特种作战任务。这是对军用无人潜航器在未来作战中的功能定位和作战使用要求的总体描述。

根据未来海战需要和军用无人潜航器的技术能力,定义了军用无人潜航器的 9 项主要任务,如表 4-1 所列。

指挥信息系统的使命任务既包括战争行动中的使命任务,也包括非战争军事行动中的使命任务。本章将重点研究武器装备战争行动中的使命任务。

表 4-1 军用无人潜航器主要任务

序号	任务名称	任务描述
1	情报、监视、侦察	前期战术情报收集;核生化和爆炸物;近岸和港口监视;布设监视传感器或传感器阵列;特殊成像和目标探测及定位
2	反水雷战	迅速建立大范围作战区域和安全航渡航线、水道,完成侦察、清除、扫雷和保护等作战任务
3	反潜战	控制风险,监视驶离港口和经咽喉要道的所有潜艇;海上区域保护,清扫大型航母打击群或远征打击群作战海区,保证无潜艇威胁;通道保护,清扫和保持远征打击群从一个作战海域向另一作战海域转移的通道安全,清除潜艇威胁
4	检查/识别	在国土防卫和反恐/部队保护需求中,一种需求是有效地检查船壳下和码头下的外来物体
5	海洋调查	海底测量,包括声速梯度、声学成像、光学成像、海底结构、水体特性;洋流剖面(包括潮汐)测量,涉及温度剖面、盐度剖面、海水清晰度、生物发光物、核生化探测和跟踪
6	通信/导航网络节点	UUV可作为水下平台与传感器基阵间的信息通道,也可将天线秘密浮出水面,进行间断性的无线电通信。作为导航辅助手段,UUV可作为待机浮标,在预定地点进行自我定位,适时浮出水面,为军事机动或其他作战行动提供信标或其他参考基准
7	负载投送	潜在的投送负载:为特种战部队向预定地点输送装备;跟随特种战人员输送所需的物资;支援其他作战任务,投送传感器或载体
8	信息作战	UUV在信息作战中可扮演两个角色:对敌方通信和计算机节点进行阻塞(压制)或插入错误数据;作为潜艇诱饵
9	时敏打击	因其具有安静性、投送距离远和作战时间长等特点,使UUV成为实施时敏打击任务的有效的武器平台和预设潜伏式武器节点的运载器

4.1.2 分析内容

指挥信息系统使命任务分析包括指挥信息系统使命、指挥信息系统作战概念和指挥信息系统任务3项内容。

(1)指挥信息系统使命是围绕特定历史时期军队建设目标,赋予指挥信息系统发展建设的总体目标和要求,是形成特定历史时期军队战斗力的重要保障。根据应用目的和应用环境的变化,指挥信息系统使命通常可以进一步细分为多个子使命。

(2)指挥信息系统作战概念是对指挥信息系统典型的作战编组方式、作战运用方式和突出特征的概念化描述,是在指挥信息系统使命基础上的进一步细化,其粗略描绘了实现指挥信息系统使命的基本方式和途径,并且为开展典型作战概念下的指挥信息系统任务分析提供了依据。

(3) 指挥信息系统作战任务是指为完成特定历史使命,指挥信息系统所必须能够完成的作战任务,或者必须具备相应的能力以完成历史使命所要求的作战任务。它是作战概念的进一步细化,是在给定作战对手、作战企图和战场环境条件下的武器装备典型作战任务的分析,表现为指挥信息系统在作战对抗过程中的一系列相互联系的作战活动及其作战效果。

指挥信息系统使命、作战概念与作战任务之间的关系可表示为抽象与具体的关系。指挥信息系统作战概念是指挥信息系统使命的实例化,是对指挥信息系统各个子使命的具体化和形象化,其更加有利于人们理解和把握指挥信息系统使命的本质要求,如对于军用无人潜航器而言,潜艇战、反潜战等子使命都可以按照敌我对抗的方式描述军用无人潜航器的编组方式、运用时机和运用方式等,以便人们更加清晰地理解军用无人潜航器的作战使命。指挥信息系统作战任务又是指挥信息系统作战概念的实例化,是对指挥信息系统作战概念中编组方式、运用时机、运用方式等的进一步细化,考虑指挥信息系统的作战运用过程及其预期的作战效果,更加强调作战过程的对抗性和可操作性,是明确指挥信息系统具体任务的重要方式。如军用无人潜航器的潜艇战可以按照作战阶段或作战目标,进一步明确各个作战阶段中对不同作战目标的具体任务要求。

4.1.3 分析流程

根据指挥信息系统使命任务分析的内容及其相互关系可知,指挥信息系统使命任务分析包括作战使命分析、作战概念设计、作战活动分解、作战活动集成4个步骤,如图4-1所示。

(1) 作战使命分析。根据国家安全战略、军队建设目标和战争发展规律,综合考虑指挥信息系统发展的内外部条件,科学提出指挥信息系统在特定历史时期的主体责任和总体目标,并根据作战环境与目的的不同将指挥信息系统的总体使命分解为一系列相对比较明确的子使命,为牵引指挥信息系统发展建设指引方向。

(2) 作战概念设计。根据指挥信息系统作战使命要求,遵循作战理论的发展规律,依照作战对抗的基本特征,分析设计特定作战样式下指挥信息系统的编组方式、运用方式、典型作战活动及其交互方式等,提出面向特定作战使命的指挥信息系统作战概念。指挥信息系统作战概念,是对以该指挥信息系统为主体的作战体系的宏观、概略性描述,通过作战概念分析,可以简明扼要地说明该指挥信息系统体系的部分或全部作战使命。

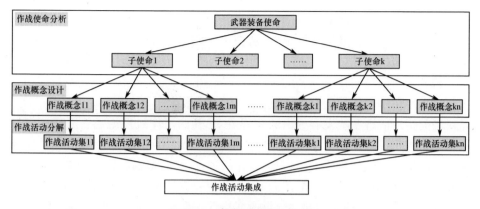

图4-1 使命任务分析流程

(3) 作战活动分解。以作战概念为依据,按照实战要求进一步细化指挥信息系统的作战对抗过程,明确指挥信息系统作战的对手、企图、编组、部署、行动及其交互方式,提出特定作战概念下指挥信息系统的主要作战活动组成及其相互关系,并通过指挥信息系统的作战运用效果检验指挥信息系统作战活动的合理性和科学性。指挥信息系统的作战活动,是指挥信息系统使命在指挥信息系统装备层次上的具体化,是引导指挥信息系统功能需求和结构需求分析的基本依据。

(4) 作战活动集成。作战概念依靠作战活动的实施来实现。不同的作战概念必然牵引出不同的作战活动及其完成指标。为实现由不同作战概念牵引出的作战活动的集成,可采用模糊聚类分析方法,可以依据作战活动的特征及其相似程度,利用模糊数学的方法定量表示作战任务间的相似关系,从而建立不同作战活动之间的模糊相似关系矩阵,并按照给定的聚类水平对作战任务进行分类与集成。

4.1.4 分析特点

指挥信息系统使命任务分析,是从发展战略到具体任务的分析,是由抽象到具体的分析过程,要求分析必须能够站在国家军事战略的高度,统筹考虑作战需求与装备发展、理论创新与技术发展、作战运用与装备使用、装备体系与装备型号的相互关系,满足指挥信息系统使命任务对指挥信息系统功能与结构需求的牵引作用。

(1) 作战需求与装备发展的统一。使命任务需求分析是对未来指挥信息系统作战运用目的、环境和方式的分析,是牵引指挥信息系统科学发展的重要内容。使命任务分析作为指挥信息系统作战需求分析的重要内容,必须紧贴指挥信息系统作战需求总体要求,同时兼顾指挥信息系统的发展建设现状与规律,实现作战需求与装备发展的有机统一,从而确保使命任务需求对指挥信息系统需求的牵引性和指导性。

(2) 理论创新与技术发展的统一。作战理论创新和装备技术发展是推动指挥信息系统科学发展的两个主要动力。"打什么样的仗,就发展什么样的装备"是对当前指挥信息系统发展提出的客观要求,强调了作战理论创新对指挥信息系统发展的积极意义。由于未来威胁类型与特征的不确定性,很难准确描述未来战争的作战形态和主要威胁,只能以作战理论创新,刻划和描绘未来战争的形态及其对指挥信息系统的要求。同时,指挥信息系统的发展也离不开装备技术的创新发展,新技术的应用往往能够改变指挥信息系统的作用机理和作用方式,从而拓展指挥信息系统的作战运用时机和方式,达到原来不可能达到的作战效果。因此,指挥信息系统使命任务分析,应突出作战力量创新的牵引作用,同时密切结合装备关键技术的发展趋势和新概念技术对指挥信息系统作战运用的影响,实现作战理论创新与装备技术发展的协调统一。

(3) 作战运用与装备使用的统一。现代战争的物质基础是武器装备,没有性能先进、系统配套、功能互补的武器装备体系就不可能达成预期的作战企图和目的,也难以完成军队建设的历史使命。同时,武器装备发展的根本目的是提高和保持战斗力,满足战争企图和作战要求。因此,使命任务分析,必须要充分考虑指挥信息系统在作战运用过程中的具体使用方式、使用时机和使用效果,并以此为基础引导指挥信息系统使用要求的分析与设计,进一步突出作战运用对指挥信息系统使用要求的牵引作用,实现作战运用与装备使用的有机统一。

(4) 装备体系与装备型号的统一。现代战争是信息化条件下武器装备的体系对抗,具有强烈的整体性、对抗性和演化性特征,武器装备的整体作战能力成为衡量武器装备建设质量高低的关键。传统的仅仅依靠少量高技术装备改变对抗双方作战力量平衡局面的现象将越来越少,更加强调组成作战力量体系的各类武器装备的有机融合和信息铰链。使命任务分析,作为牵引指挥信息系统需求的重要内容,必须在体系对抗的宏观背景下,考虑指挥信息系统体系及型号的作战使命定位及其作战任务要求,达到装备体系与装备型号使命任务需求的有机统一。

4.2 作战使命分析

作战使命分析采用 SWOT(Strength,Weakness,Opportunity,Threats)方法,从指挥信息系统发展的国际国内安全形势和战争发展规律出发,科学确定指挥信息系统的作战使命。

4.2.1 SWOT方法

SWOT分析是由美国哈佛大学商学院安德鲁斯教授于20世纪60年代首先提出的,并在麦肯锡咨询公司进行企业战略分析中得到了推广和应用。SWOT分析最早应用于企业战略管理,是一个用于分析企业环境进而制定战略计划的经典方法,具有结构化和系统化的特点。SWOT分析认为企业的环境分析包括内部环境分析与外部环境分析。内部环境是企业内部物质、文化环境的总和,包括人力、财务、研发、生产、营销等因素。外部环境是企业外部的政治、社会、技术、经济、竞争等环境的总称。内部环境分析包括企业的优势分析和劣势分析,外部环境分析包括面临的机会分析和威胁分析。SWOT分析的指导思想是在全面把握各项环境因素的基础上,构建包括4个象限的SWOT分析模型(图4-2),再根据各象限的特点,制定战略计划,以发挥优势、克服不足、利用机会、化解威胁。

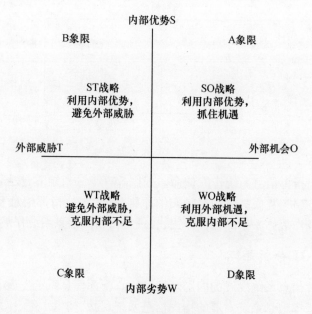

图4-2 SWOT分析模型

4.2.2 分析步骤

(1) 收集作战使命分析的权威资料。指挥信息系统的作战使命分析,应以准确、翔实、权威的指挥信息系统发展相关资料为基础,包括国际安全形势发展变化、国内外军事威胁、国家安全战略、军队发展战略、指挥信息系统发展战略和作战理论研究等内容。通过权威资料的收集,为科学分析指挥信息系统作战使命的内外部影响因素提供基础。

(2)确认指挥信息系统发展的机遇与威胁。从政治、经济、社会、军事和技术等方面分析提出指挥信息系统发展的外部环境条件,确认指挥信息系统发展的有力条件和不利因素,提出推动指挥信息系统发展的机遇和威胁。

(3)确认指挥信息系统发展的优势与劣势。以军队使命任务为依据,充分研究影响指挥信息系统发展的装备及其技术因素,从指挥信息系统论证、研制、生产、使用等领域分析支持指挥信息系统发展的内在优势和劣势,为有针对性地提出指挥信息系统发展方向和方案提供依据。

(4)构建SWOT分析矩阵。按照SWOT分析矩阵4个象限的设计要求,将影响指挥信息系统发展的外部机遇与威胁、内部优势与劣势填入矩阵,形成支撑指挥信息系统作战使命分析的SWOT分析矩阵,以区分不同因素对指挥信息系统发展的影响情况,如图4-3所示。

图4-3 SWOT分析矩阵

(5)提出指挥信息系统作战使命。根据SWOT分析矩阵,按照抓住机遇、强化优势、避免威胁、克服劣势的逻辑归纳原则,科学定位指挥信息系统在指挥信息系统体系及作战体系中的地位作用,合理提出指挥信息系统作战使命。

4.2.3 SWOT分析矩阵

(1)指挥信息系统发展的内部环境分析。指挥信息系统发展的内部环境主要包括影响指挥信息系统发展的指挥信息系统现状、技术水平、体系结构等方面内容,具体包括指挥信息系统的使命任务、可遂行的典型作战任务、体系结构的完整程度、整体战术技术水平、信息化水平、体系要素组合的灵活性、费效比等因素。对这些因素进行分析时,应着眼于当前已经编配的指挥信息系统和已研制生产即将列装的所有指挥信息系统,从促进指挥信息系统发展的优势和妨碍指挥信息系统发展的劣势两个方面进行分析。

(2)指挥信息系统发展的外部环境分析。指挥信息系统发展的外部环境主要包括影响指挥信息系统发展的国际与国内政治、经济、社会、技术和竞争环境等因素。由于社会发展水平、政治经济形势的不同,不同国家的主要军事威胁和指挥信息系统发展要求也不相同。指挥信息系统发展的外部环境分析,重点是结合各国的政治体制及执政目标、社会制度及生活水平、经济发展状态、科学技术进步以及国内外竞争情况,科学区分有利于本国指挥信息系统发展的战略机遇和妨碍指挥信息系统发展的主要威胁,合理定位本国指挥信息系统发展的目标和定位。具体地讲,能够促进指挥信息系统发展的机遇主要包括支持指挥信息系统发展的科学技术水平、指挥信息系统体系化信息化发展趋势、军队变革与作战理论创新、相关装备发展计划的支持等;能够妨碍指挥信息系统发展的劣势主要包括国际安全形式多变、国家安全战略调整、军事变革的加速推进、潜在威胁的不确定性等因素。

（3）指挥信息系统 SWOT 分析矩阵。根据指挥信息系统发展的内外部环境分析,将相应的影响因素填入矩阵,形成指挥信息系统 SWOT 分析矩阵,如表 4-2 所列。

表 4-2　指挥信息系统 SWOT 分析矩阵

	优势(S)	劣势(W)
	① 指挥信息系统的使命任务多样 ② 指挥信息系统可遂行的典型作战任务 ③ 指挥信息系统体系结构相对完整 ④ 武器装备体系要素具有一定的可组合性 ⑤ 其他优势因素	① 指挥信息系统体系通用化、系列化程度低 ② 指挥信息系统战术技术水平不均衡 ③ 指挥信息系统信息化水平低,系统互连、互通能力弱 ④ 重点装备费效比较高 ⑤ 其他劣势因素
机遇(O)	SO 策略	WO 策略
① 支持指挥信息系统发展的科学技术体系完整、水平比较先进 ② 指挥信息系统体系化信息化发展趋势 ③ 军队变革与作战理论创新 ④ 相关装备发展计划的支持 ⑤ 其他因素	……	……

(续)

威胁(T)	ST 策略	WT 策略
① 国际安全形式多变 ② 国家安全战略调整 ③ 军事变革的加速推进 ④ 潜在威胁的不确定性 ⑤ 其他因素	……	……

指挥信息系统作战使命的确定,应是在综合考虑指挥信息系统内部优势与劣势、外部机遇与威胁的基础上,统筹 SO 策略、WO 策略、ST 策略、WT 策略,以指挥信息系统发展的 ST 策略为重点设计提出作战使命。对于兵种装备体系或者装备型号而言,其作战使命分析时,还应该以作战效能为牵引对比分析不同兵种装备体系之间或者不同装备型号之间的功能对比情况,并据此作为指挥信息系统作战使命分析的主要依据。

4.2.4 作战使命分解

指挥信息系统作战使命具有可分解性,可将比较抽象、综合的作战使命分解为一系列比较具体的作战子使命。作战使命分解通常可按照以下 5 种方式进行。

(1)按作战样式分解。作战样式包括进攻作战和防御作战两种基本样式,是组织实施战斗、达成作战目的的主要方式。在指挥信息系统总体使命范围内,按照作战样式的划分,可分别提出不同作战样式下的作战子使命。以坦克装甲车辆为例,其作战使命就可以进一步区分为进攻作战的作战使命和防御作战的作战使命。

(2)按作战用途分解。作战企图决定着指挥信息系统的作战用途,战争目的不同,指挥信息系统的作战用途及其编组方式也不同。按照作战用途的不同,也可以将指挥信息系统的总体使命分解为比较具体的作战子使命。以坦克装甲车辆为例,可按照其作战用途,区分为兵力威胁、机动造势、快速占领、要地攻防等作战子使命,如表 4-3 所列。

(3)按作战对象区分。战场上作战对象多种多样,形态各异,对作战进程和作战胜利的影响程度不尽相同。为了有效遏制或破坏敌方不同类型指挥信息系统作战效能的发挥,需要有针对性地以特定作战对象为目标进行作战设计。因此,按照作战对象的不同,也可以将指挥信息系统作战使命分解为一系列指挥信息系统作战子使命。以军用无人潜航器为例,其作战对象包括水面舰艇、潜艇、水雷等,其作战使命就可以进一步细分为潜艇战、反潜战、反水雷战等。

表4-3 坦克装甲车辆作战子使命

兵力威慑	通过实施战略、战役展开,完成快速部署,彰显能力、震慑敌军,以遏制危机、稳定态势,或者为后续作战创造有利条件
机动造势	地面突击装备,机动速度快,合成程度高,突击能力强,能够实施广泛的战场机动,牵制和调动敌人,破坏和打乱敌部署,形成有利态势
快速占领	充分发挥地面突击装备机动能力强的优势,快速先敌抢占有利地形和战场要点,为其他力量后续行动创造条件
要地攻防	充分发挥地面突击装备攻防兼备、突击能力强的优势,在其他力量的支援配合下,实施要地攻防作战,达到夺控重要目标、歼敌有生力量、持久稳定作战、控制战局的目的

(4)按作战空间分解。由于作用机理的不同,不同指挥信息系统的作战空间有明显差异,既有单一作战空间的指挥信息系统,也有能够在多个作战空间作战的指挥信息系统。以执行攻击任务的固定翼飞机为例,由于它既可以对空中目标进行打击,又可以对地面或水面目标进行打击,则其作战使命也可以按照作战空间的不同区分为空中打击和地面或水面打击两种作战子使命。

(5)按作战环境分解。不同类型、不同条件的作战环境,对指挥信息系统的战术技术性能水平的要求不同。指挥信息系统设计时,既要考虑到典型作战环境对指挥信息系统战术技术指标的制约,又要考虑到特殊作战环境对指挥信息系统战术技术指标的制约,如城市作战、丛林作战、复杂电磁环境作战等对指挥信息系统的要求与通常条件下的要求就不同。因此,按照作战环境的不同,也可以对作战使命进行分解。以坦克装甲车辆为例,其主要遂行地面突击任务,但有时也要承担渡海或渡河作战任务,则可据此将坦克装甲车辆的作战使命分解为地面突击和渡海或渡河两种作战子使命。

4.3 作战概念设计

指挥信息系统作战概念设计,是以指挥信息系统作战使命为依据对指挥信息系统作战运用方式的具体化,是牵引指挥信息系统作战活动分析与功能设计的基础。

4.3.1 主要内涵

在武器装备领域,有产品概念设计和作战概念设计两种概念。产品概念设计,是武器装备设计的关键步骤,是从用户要求到形成原理的过程,即产品概念形成的过程,它决定了产品的整体结构形式和产品的成本。产品概念设计对人员的约束较少,具有较大的创新空间,最能体现设计者的经验、智慧和创新性,其重点是产品原理方案的设计。作战概念设计,是对武器装备作战运用理论与方式的设计,是提高武器装备作战效能、达成作战目标的关键,它以武器装备作战使命为依据,结合作战理论创新成果,围绕武器装备发展趋势及其技术特征,创新武器装备的作战运用方式,提出未来战争中武器装备的作战使用模式和基本要求,为进一步细化提出武器装备典型作战活动做好顶层规划与设计。

按照美军对作战理论体系的定义,联合作战概念与联合作战构想、联合作战条令一起构成了联合作战理论体系,是覆盖战略级、战役级和战术级联合军事行动和联合人事、情报、作战、后勤、计划、C4系统等各个领域、横向纵向相互联系的知识整体。其中,联合作战构想主要展望未来15~20年可能出现何种作战样式、需要何种作战能力和作战理论,一般比较宏观,比较概略,既不能直接落实到某种行动上,也不能在没有实验和实践的情况下直接纳入联合作战条令,如美军在《2010年陆军构想》《陆军构想:士兵出国出征》中提出了采取制敌机动、决定性行动、精确作战、全维防护、聚焦后勤、信息优势等作战思想和反应、部署、灵敏、多能、生存、杀伤、持久等作战原则,对2010年美国陆军的能力提出了初步要求。联合作战概念是联合作战构想的细化和具体化,经论证、演示、试验和联合训练与实战检验证实后,写入联合作战条令,指导美军进行联合作战和联合训练,如美国陆军从2005年开始开发陆军"拱顶石"作战概念,开发出了"战役机动""战术机动""陆战网"等陆军行动概念和"未来模块化部队防护""未来模块化部队分布式作战""陆军航空兵作战"等陆军概念能力计划。联合作战条令是指导美军组织和实施联合作战与训练的权威性文件。据2009年资料分析可知,美国陆军作战条令包括432本,纵向分为战略、战役和战术3个层次,横向分为人事、情报、作战、计划、指挥控制、其他6个系列。

指挥信息系统作战概念是作战概念的有机组成部分,其重点围绕部队作战任务目标,开展指挥信息系统作战运用方式的创新,主要包括以下3个内容。

(1)集成级作战概念。着眼于指挥信息系统体系对抗,以联合作战任务或合成作战任务为牵引,研究完成作战使命的指挥信息系统组合方式、力量编组、部署、指挥控制和信息交互方式,提出指挥信息系统体系的作战运用方式和要求,形成指挥信息系统集成级作战概念。

(2)行动级作战概念。着眼于指挥信息系统分队的作战任务要求,研究完成作战任务的指挥信息系统编组、部署、指挥控制和信息交互方式,提出指挥信息系统分队的作战运用方式和要求,形成指挥信息系统行动级作战概念。

(3)系统级作战概念。着眼于单一种类指挥信息系统的作战功能要求,研究指挥信息系统技术创新、功能创新和结构创新对指挥信息系统作战功能的影响情况,提出指挥信息系统系统自身的操作使用方式和要求,形成指挥信息系统系统级作战概念。

指挥信息系统集成级、行动级和系统级作战概念的关系如图4-4所示。集成级作战概念包含若干行动级作战概念,行动级作战概念包含若干系统级作战概念。

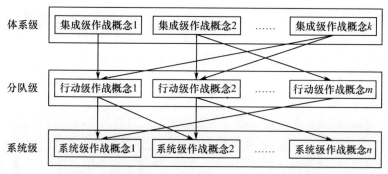

图4-4 指挥信息系统作战概念的层次划分及其关系

4.3.2 基本原则

指挥信息系统作战概念研究创新性强,实用性要求高,通常应遵循以下原则:

(1)紧贴使命任务要求。作战概念设计的目的是分析指挥信息系统的作战使命要求,探索指挥信息系统在新的作战使命背景下的作战运用方式及要求,为科学确定指挥信息系统任务需求、能力需求和系统需求提供基础,是将抽象、模糊的作战使命分解为具体、明确的任务需求的关键步骤。因此,指挥信息系统作战概念设计,必须紧贴指挥信息系统的使命任务要求,通过多个作战概念的分析与设计,满足指挥信息系统总体作战使命和各子作战使命的基本要求。

(2)突出作战理论创新。理论创新是推动军事变革的根本动力,是指导军队建设和指挥信息系统科学发展的关键路径。指挥信息系统作战概念设计,着眼于未来作战对指挥信息系统作战运用方式及其要求的分析,必须有创新性的作战理论研究成果作支撑,否则根本无法科学提出指挥信息系统作战概念,也不能支持指挥信息系统作战任务的分析。

(3)重视装备技术创新。以新材料、新能源和计算机技术为代表的高新技术的蓬勃发展,为改进指挥信息系统战术技术性能指标和提升指挥信息系统作战能力提供了更多的技术途径和实现方式,同时也引起了指挥信息系统作战功能及其作用方式的灵活变化,这势必为创新指挥信息系统作战使用方式、提高指挥信息系统作战效能奠定了基础。因此,在指挥信息系统作战概念设计时,应重视装备技术的发展趋势及其对指挥信息系统功能、结构和使用方式的影响,并在充分考虑装备技术发展路线图和成熟度的基础上,科学创新指挥信息系统作战概念。

(4) 强调概念演绎发展。指挥信息系统作战概念设计是从抽象到具体、从模糊到明确的反复迭代演化的过程,它是在作战使命的引导下不断修正和完善的过程,这个演化过程随着作战使命、作战理论和技术途径的变化而变化,随着对作战概念研究的深入而不断深入。因此,指挥信息系统作战概念设计,应特别强调作战概念的设计、验证与优化,并通过反复迭代实现指挥信息系统作战概念的最优。

(5) 强调定性定量结合。指挥信息系统作战概念是对指挥信息系统作战应用方式及要求的描述,不涉及指挥信息系统的具体性能参数和技术要求,但是依然可以通过分析指挥信息系统的编组、部署、使用方式和信息交互关系,采用定性与定量相结合的分析方法,研究指挥信息系统作战概念的逻辑性和时序性,以提高指挥信息系统作战概念的合理性和可行度。因此,指挥信息系统作战概念设计,应充分发挥定性分析与定量计算的优势,将定性的作战概念描述信息与定量的指挥信息系统作战运用模型有机结合起来,反复验证与优化指挥信息系统作战概念。

4.3.3 设计方法

4.3.3.1 基于任务—节点—交互的概念设计

指挥信息系统作战概念本质上是描述为完成作战任务而构建的指挥信息系统力量编组、作战运用和信息交互关系。不同的作战任务,指挥信息系统的编组方式和作战运用要求也各不相同,作战力量之间的信息交互关系也不同。因此,只要能够科学分析指挥信息系统的作战使命要求,合理规划指挥信息系统的作战任务,科学编组指挥信息系统力量结构,有效分析指挥信息系统信息交互关系,就能够比较全面、科学地设计出指挥信息系统作战概念。

(1) 作战任务规划。根据作战概念的层次,指挥信息系统的作战任务层次也具有明显的差异。对于集成级作战概念而言,指挥信息系统的作战任务体现为指挥信息系统装备体系的作战任务及其典型功能性作战任务,如情报侦察、指挥控制、网络通信、电子对抗等功能性任务。对于行动级作战概念而言,指挥信息系统的作战任务体现为指挥信息系统编组分队的作战任务及其主要的功能性要求,如坦克分队的通信设备应能够具备分队范围内的通信能力。对于系统级作战概念而言,指挥信息系统作战任务体现为指挥信息装备的具体战斗动作,如坦克通信过程中通信频率选择、通信信息发送等的协调行动。

作战任务规划,主要是根据指挥信息系统作战概念设计的层次,按照指挥信息系统的作战使命要求,以未来作战中指挥信息系统作战理论创新为依据,科学提出完成特定作战使命的指挥信息系统作战任务分类与要求。

(2) 作战节点设计。作战节点是指完成作战任务的作战力量、设施等,是决定敌我双方对抗效果的关键要素。不同层次的作战概念,作战节点的构成也具有较大的差异。对于集成级作战概念,作战节点主要是指完成功能性作战任务的军兵种合成部(分)队,通常由多种指挥信息系统以功能互补、信息铰链方式有机的组成。对于行动级作战概念,作战节点主要由武器装备系统或指挥信息系统组成。对于系统级作战概念,作战节点主要指指挥信息系统本身。

作战节点设计,主要依据指挥信息系统的作战任务,按照完成作战任务的能力要求,根据指挥信息系统的功能特性和组合规律,提出完成不同作战任务的作战节点指挥信息系统组合。由于作战对抗过程的演变性和不确定性,形成作战力量的指挥信息系统数量通常是有限的,组合形成的作战节点往往随着作战任务的演变而不断调整优化。

(3) 信息交互设计。信息交互关系,是对遂行不同作战任务的作战节点的作战功能协作的描述,是指挥信息系统功能及其战术技能特性的物理实现,也是作战节点相互关系的具体化。信息交互设计主要包括3种方法。

① 按照作战节点的协同关系设计,包括指挥关系、协调关系、保障关系等各种作战关系,通过分析作战任务之间的完成要求及其逻辑关系,有机梳理不同作战节点之间的协同关系,构建作战任务与作战节点之间的信息交互矩阵。

② 按照指挥信息系统功能组合方式设计,相同的功能通常具有相同或类似的输入和输出关系,在类层次上不同类型的指挥信息系统功能间的信息交互也往往具有相同或类似的交互方式和输入、输出要求。因此,在作战概念设计时,应遵循指挥信息系统功能组合规律,设计作战节点之间的信息交互关系。

③ 按照指挥信息系统的技术特性设计,由于指挥信息系统技术的差异,不同型号指挥信息系统的装备技术特征并不相同,一般老旧系统技术成熟度高,但性能较低;而新系统战术技术性能优良,与同一代的其他指挥信息系统在技术簇及其先进性方面具有较高的一致性和可组合性。因此,信息交互关系的设计,应充分研究各类指挥信息系统的技术特征,根据装备技术的内在联系和组合规律,设计指挥信息系统信息交互关系。

(4) 作战概念设计。以作战任务规划、作战节点设计和信息交互设计为基础,采用静态示意图或动态交互式动画等方式,描述指挥信息系统作战任务、作战节点及其信息交互关系,为指挥信息系统论证人员提供一幅比较清晰地描述指挥信息系统远景作战使命的粗略画面,以帮助装备论证人员准确把握指挥信息系统作战使命并科学分析指挥信息系统的典型作战活动。

4.3.3.2 基于作战实验的作战概念设计

随着未来信息化战争对精确化作战要求的不断提高,无论是作战概念的设计、评估、优化与筛选,还是指挥信息系统作战运用方式的设计、评估、优化与筛选,作战实验均可贯穿作战概念设计和验证的全过程,是一种定性分析与定量计算相结合的有效手段。其主要步骤包括研究设计概念、开展实验设计、进行实验准备、组织概念实验和综合评估概念5个步骤,如图4-5所示。

(1) 研究设计概念。研究设计作战概念就是根据作战概念设计的目的,以指挥信息系统作战使命要求为牵引,以未来武器作战理论创新为参考,借助相关实验手段的支撑,艺术化地创造研究形成作战概念的阶段。该阶段属于作战概念研究的传统模式,主要是以定性研究为主、定量计算为辅,研究内容包括明确作战概念目的、确定作战概念目标、明确作战概念作战节点组成及其交互关系。在此基础上,根据下一阶段开展作战概念实验论证的需要,研究确定作战概念实验问题,提出实验要求。

(2) 开展实验设计。开展实验设计就是依据实验论证作战概念,针对作战概念实验问题,结合已有实验手段,确定实验验证要点和评估指标,明确实验背景条件,选择实验手段,制定实验方案的阶段。实验设计是对作战实验的科学筹划过程,主要是以定性分析与优化设计相结合的方式,科学设计实验方案,确保作战概念论证作战实验高效、有序进行。

(3) 进行实验准备。进行实验准备就是根据实验方案,组织编写作战概念想定,采集实验数据,校验实验模型,构建作战概念验证实验环境的准备阶段。准确的数据、可靠的模型、典型的想定是开展作战概念实验论证必不可少的关键要素,其直接影响作战概念实验论证的结果。数据采集的基本准则是准确、权威,要保证数据的有效性和可用性。若论证的作战概念是面向未来超前设计的,则采集的数据必须符合未来的发展趋势,反映指挥信息系统更新换代、兵力编组等方面规律。实验模型准备的基本准则是管用、好用、合适,要确保模型针对性强,能够支持待实验作战概念,模型的精度、粒度合适,操作简便等。想定编写的基本准则是权威、典型,能够描述作战概念的主要要素,体现作战概念过程的主要环节,反映作战概念的基本思想。可根据作战概念论证实验的需要编写多个实验想定支持实验实施。

(4) 组织概念实验。组织作战概念实验就是输入作战概念想定方案及相关

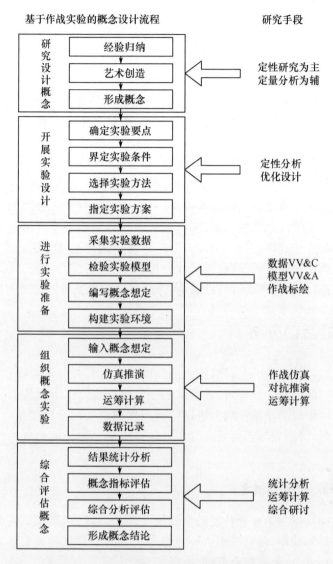

图4-5 基于作战实验的作战概念设计过程

数据,对作战概念行动进行仿真计算、对抗推演,并根据要求组织多样本实验、记录实验数据的阶段。该阶段是以实验手段为主、定性分析为辅开展作战概念论证的主要环节。整个实验既可根据实验问题或实验要点分批分次展开,也可根据实验方法特点和实验结果要求开展多方案大样本重复实验。实验中必须根据作战概念论证的需要全程记录实验过程信息,支持作战概念实验过程中在线分析和事后分析。实验活动中既可以按照实验方案进行流水作业,也可根据要求边实验边分析,实验的形式多样。

(5)综合评估概念。综合评估作战概念是作战概念论证的最终环节,是在统计分析仿真推演、运筹计算实验结果基础上,借助作战概念实验演示手段,围绕作战概念目的进行综合分析论证的阶段。在该阶段综合运用统计分析、运筹计算和定性研究手段,对作战概念进行优化完善。综合评估作战概念一般分3个层次:第一层次是基于实验结果数据之上的统计分析。主要是根据实验结果数据来统计作战概念实验的效益、作战概念行动效果,对作战概念过程中不合理的现象与数据进行重点分析。第二层次是基于实验评估指标的评估分析。作战概念实验记录的结果反映的一般都是作战概念战术行动的微观结果,无法从作战概念宏观层次上体现作战概念的效果,必须在这些微观实验结果基础上针对作战概念评估指标进行建模分析,从作战概念整体层面上来评估作战概念。第三个层次是基于作战概念目的的综合分析。综合运用前两个层次的分析结果,针对作战概念论证研究的问题,以定性分析为主,进行综合研究,提出作战概念评估最终结论,如作战概念可行性结论、作战概念优化完善对策措施等。

4.4 作战活动分析

作战活动分析的目的是获取作战活动输入、输出、控制和资源信息,促进各类人员对作战活动的一致理解,其本质是在作战概念牵引下对作战使命的具体化和实例化。作战活动是作战力量遂行特定作战任务的动作的组合,具有很强的目的性与时效性,它与需要完成的作战任务的要求和作战力量的作战功能密切相关。

4.4.1 作战活动元模型

作战活动是指为了完成特定的作战任务,作战部(分)队在特定的战场环境中开展的一系列动作,是完成部队整体作战企图的重要基础。通过对作战活动任务、主体、环境、效果的综合分析,可将作战活动定义为七元组:

$$T = \{TName, TID, TEntity, EObject, TEnvironment, TEffect, TTime\}$$

其中,$TName$ 表示作战活动的名称,它是对作战活动的描述;TID 表示作战活动的标识,在作战序列中作战活动的标识是唯一的;$TEntity$ 表示作战活动的执行主体,对应于作战编成中的部(分)队;$TObject$ 表示作战活动的对象,即与作战主体发生交互作用的实体,如攻击行动中的被攻击者,协同行动中的被协调者等;$TEnvironment$ 表示作战活动开展所应满足的外界环境条件,包括自然环境、社会环境和军事环境等;$TEffect$ 表示作战活动所应达到的作战效果,通常表示为一系列的作战活动指标;$TTime$表示作战活动开展的时间约束。

根据作战活动元模型定义,可以给出作战活动元模型结构图,如图4-6所示。

作战活动名称 ($TName$)	作战活动标识 (TID)	
作战活动主体 ($TEntity$)	作战活动对象 ($TObject$)	作战活动时间 ($TTime$)
作战活动环境 ($TEnvironment$)	作战活动效果 ($TEffect$)	

图4-6 作战活动元模型结构

4.4.2 作战活动分解

分解方法作为研究与分析复杂事物的基本方法,将宏观、复杂、模糊的问题分解还原为一系列微观、简单、明确的子问题,并通过子问题的研究来进行复杂问题的研究,在近代科学技术的发展进程中发挥了巨大的作用,例如系统功能分解、系统结构分解、空间分解、项目分解等。作战活动分解的核心是采用自顶向下、逐层细化的方法,将相对比较宏观、目标多样的作战活动分解为相对比较微观、目标单一、功能单一的作战活动,以便于根据作战活动及其指标要求提出指挥信息系统的作战性能要求。由于作战活动的复杂性及其专业领域的多样性,科学、合理、清晰地分解作战活动,并不是一件轻松的事情,往往导致不同人员由于理解的差异导致分解结果的可理解性和可接受程度较低。为此,有必要根据作战活动的规律和特征,研究作战活动的分解原则及其分解结构,为科学、合理地进行作战活动分解提供基本方法。

4.4.2.1 分解方法

作战活动分解,通常应在指挥信息系统体系对抗的背景下,围绕指挥信息系统的作战使用过程,重点突出指挥信息系统的特征性作战行动,主要的分解方法有以下5种。

1. 作战功能分解方法

作战功能分解方法,是根据作战功能分解指挥信息系统的作战活动。例如,可以将数字化师装备体系的作战功能区分为多维战场感知、高效指挥控制、立体机动突击、信火一体打击、全维综合防护、精确综合保障6项基本作战功能,如图4-7所示。

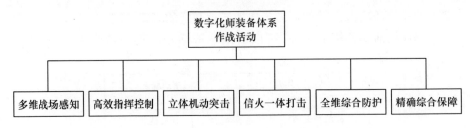

图4-7 作战功能分解方法举例

2. 目标类别分解方法

目标类别分解方法,是指按照作战目标的特征或分类,对作战活动进行分解。由于现代指挥信息系统均具备打击多种不同类型、不同特征的作战目标的能力,因此,在作战活动分解时,应考虑到战场目标的多样性,全面反映指挥信息系统的作战行动。例如,电子对抗行动,就可以区分为对指挥所压制、对通信枢纽压制、对侦察监视节点压制等活动,如图4-8所示。

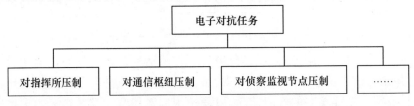

图4-8 目标类别分解方法举例

3. 作战过程分解方法

作战过程分解方法,要求按照指挥信息系统遂行使命任务的作战过程分解作战活动。以城市分区歼敌作战指挥控制任务为例,采用作战过程分解方法,可分解为态势判断、指挥决策、兵力控制和效果评估4项基本活动,如图4-9所示。

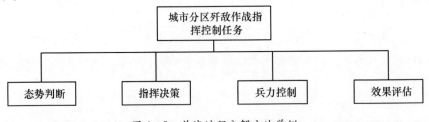

图4-9 作战过程分解方法举例

4. 任务空间分解方法

任务空间分解方法,是按照指挥信息系统遂行任务的作战空间进行作战活动的分解。通常现代战争的作战空间可区分为陆上、海上、空中、太空、电磁、网络等6维作战空间,因此,作战活动分解时也可按照上述6维作战空间进行分解。以城市分区歼敌作战情报侦察任务为例,根据作战空间的不同,可区分为高空侦察、低空侦察、地面侦察3种基本作战活动,如图4-10所示。

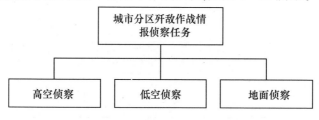

图4-10　任务空间分解方法举例

5. 技术手段分解方法

技术手段分解方法,是指当前面临的同一个或同一类目标可采用多种打击手段实施打击,则应按照打击手段的不同,分别描述不同打击手段的作战活动。以电子对抗任务为例,则可分别采用通信对抗、光电对抗、雷达对抗等多种手段,如图4-11所示。

图4-11　技术手段分解方法举例

4.4.2.2　分解结构

作战活动具有鲜明的层次性特征。根据作战概念及其任务要求,可以将作战任务区分为作战活动,将作战活动再进一步分解为子作战活动,直到分解到原子级作战活动为止。而且,由于作战样式或指挥信息系统作战运用方式的不同,同一作战概念下的作战活动也会有较大的差异性,即使某一层次的作战活动相同,在其下一层的作战活动也可能不尽相同。指挥信息系统作战活动的分解结构可表示为如图4-12所示的层次结构。

由图4-12可知,某项作战任务需要由多个作战活动组成的序列完成,每个作战活动又由多个子作战活动完成,每个子作战活动又由多个原子作战活动完成。原子作战活动是指只由一个作战实体完成的作战活动,该作战活动不能再进行划分。需要指出的是原子作战活动与上层作战活动之间不构成树形结构关系,一个原子作战活动可包含在多个上层活动行动中。作战活动分解的层次数

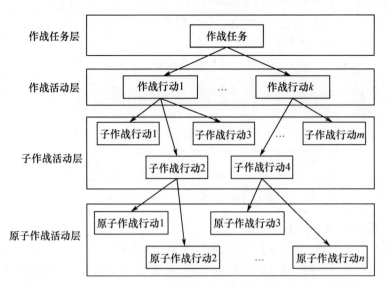

图 4 – 12 作战活动的层次分解结构

量由作战活动的分解粒度确定。

4.4.3 作战活动时序关系分析

由作战行动分解层次图可知,下层作战活动关系图都是对上一层作战活动关系图的细化。对每个层次中的作战活动元模型之间的逻辑约束关系进行建模非常复杂,每个活动的子活动之间又存在复杂的逻辑约束关系,因此,对作战活动之间的关系建模是在同一层次下的逻辑约束关系。

作战活动之间的逻辑关系定义为 7 种:$Tr = \{Se, Co, Cn, An, Or, Sy, Cy\}$。

1. 顺序关系(Se)

作战活动关系中对于 $\forall T_i, T_j \in T(i,j=1,2,\cdots,n$ 且 $i \neq j)$,存在顺序关系 $Se(T_i, T_j)$,表示只有当作战活动 T_i 结束后,作战活动 T_j 才能开始执行,如图 4 – 13 所示。

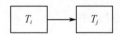

图 4 – 13 作战活动的顺序关系

2. 并发关系(Co)

作战活动关系中若 $\exists T' = \{T_{i+1}, \cdots, T_{i+m}\} \subset T$ 且 $m \geq 2, T_i \subset T$ 且 $T_i \notin T'(i = 1,2,\cdots,n)$,存在并发关系 $Co(T_i, T')$,表示作战活动 T_i 执行完成之后,能够使集合 T' 中的所有作战活动都能执行,如图 4 – 14 所示。

3. 条件关系(Cn)

作战活动关系中对于 $\forall T_i \in T(i=1,2,\cdots,n)$，$\exists T' = \{T_{i+1},\cdots,T_{i+m}\} \subset T$，满足 $m \geqslant 2$ 且 $T_i \notin T'$，存在条件关系 $Cn(T_i, T')$，表示作战活动 T_i 结束后，在一定判断条件下，有两个或两个以上的作战活动的集合 T'，选择其中之一执行，如图 4-15 所示。

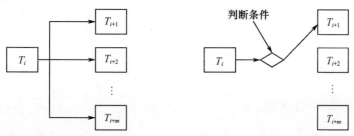

图 4-14 作战活动的并发关系　　图 4-15 作战活动的条件关系

4. 与关系(An)

作战活动关系中若 $\exists T' = \{T_{i+1},\cdots,T_{i+m}\} \subset T$ 且 $m \geqslant 2, T_i \in T'$ 且 $T_i \notin T'(i=1,2,\cdots,n)$，存在与关系 $An(T_i, T')$，表示作战活动集合 T' 中的所有作战活动完成后，作战活动 T_i 才能执行，如图 4-16 所示。

5. 或关系(Or)

作战活动关系中若 $\exists T' = \{T_{i+1},\cdots,T_{i+m}\} \subset T$ 且 $m \geqslant 2, T_i \in T'$ 且 $T_i \notin T'(i=1,2,\cdots,n)$，存在或关系 $Or(T_i, T')$，表示作战活动集合 T' 中任意一个作战行动完成后，作战活动 T_i 就可以执行，如图 4-17 所示。

6. 同步关系(Sy)

作战活动关系中对 $\exists T_1, T_2, \cdots, T_m \subset T$ 且 $m \geqslant 2$，存在同步关系 $Sy(T_1, T_2, \cdots, T_m)$，表示作战活动 $T_1, T_2, \cdots, T_m$ 的开始和结束都必须同时，如图 4-18 所示。

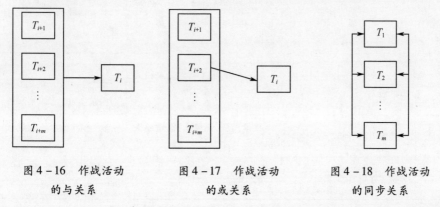

图 4-16 作战活动　　图 4-17 作战活动　　图 4-18 作战活动
　的与关系　　　　　的或关系　　　　　的同步关系

7. 循环关系(Cy)

作战活动关系中对 $\exists T_1, T_2, \cdots, T_m \subset T$ 且 $m \geq 2$，存在循环关系 $Cy(T_1, T_2, \cdots, T_m)$，表示在一定的判定条件下，存在一个或一个以上的作战活动循环，如图4-19所示。

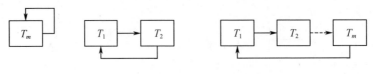

图4-19 作战活动的循环关系

4.4.4 作战活动建模

4.4.4.1 概述

作战活动建模的方法主要包括自然语言建模、半形式化语言建模和形式化语言建模，如表4-3所列。

（1）自然语言建模。自然语言指用日常使用的口语、书面语对模型进行描述，便于在领域相通人员之间进行交流，便于理解。如果是纯军事人员对军事问题进行描述，一般就采用自然语言描述，这样省时省力，优点较明显。但自然语言描述存在二义性，没有严格的一致性结构，信息分散，不利于捕获模型的语义。

表4-4 3种作战活动建模方法比较

	自然语言	半形式化	形式化
目的	权威、系统、详尽的领域描述，用于需求抽取或标记模型	权威、系统、详尽的领域描述，用于结构化、半结构化或格式化模型	权威、系统、详尽的领域描述，用于形式化模型
优点	表达能力强	可以捕获结构和一定的语义，也可以实施一定的推理和一致性调查	具有精确的语义和推理能力
缺点	有二义性，不利于捕获模型的语义	针对性较强，一种结构或格式不一定适合普遍情况	构造一个完整的形式化模型，需要较长的时间和对问题领域的深层次理解
读者	技术人员、领域人员	技术人员、领域人员、建模人员	软件人员、领域人员、建模人员等
形式	叙述性语言	文、图、表	形式化、结构化、层次化、可视化

(2) 半形式化语言建模。半形式化语言运用一定的结构,采用自然语言,结合图、文、表等形式对概念、知识进行描述,是介于自然语言和形式化语言之间的语言。半形式化表示可以捕获结构和一定的语义,也可以实施一定的推理和一致性检查,这种描述方式是当前采用得最多的形式。

(3) 形式化语言建模。形式化语言是将抽取出的信息、语言以某种一致化的结构存储和组织起来,以实现计算机自动知识处理和问题求解的语言描述。其主要有基于逻辑的表示方法、基于关系的表示方法、面向对象的表示方法、基于框架的知识表示、基于规则的表示方法、语义网络表示、基于 XML 的表示方法、基于本体的知识表示、综合表示方法等。

4.4.4.2 基于 IDEF0 的作战活动建模方法

IDEF0 语言作为一种半形式化描述语言,也是一种具有层次结构化功能的建模语言,其采用图形化及结构化的方式,能够清楚、严谨地将一个系统中的功能及功能彼此间的限制、关系、相关信息与对象表达出来,让使用者借助图形便可清楚地指导系统的运作方式及功能所需的各项资源,并且提供一种标准化与一致性的语言供建模人员相互沟通与讨论时使用。

采用 IDEF0 进行作战活动建模,能够同时表达系统的活动和数据流及它们之间的联系,而且其模型能够全面描述信息系统的功能需求,能明确地区别出功能与实现之间的差别,自顶向下分解;其图形化的语法语义易于系统分析人员、开发人员及用户的阅读和交流。IDEF0 方法集中了功能分解法和数据流方法的优点,它能准确描述系统的功能活动及其联系,是军事人员和技术人员交流的一种理想语言。因此,本书以 IDEF0 语言作为作战活动概念建模的建模语言。

1. IDEF0 简介

IDEF0 模型由一系列图形组成,是对复杂事物的抽象和规范化的描述,这些图形主要包括盒子及箭头,如图 4-20 所示。

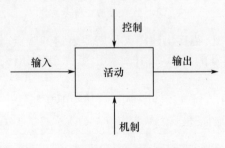

图 4-20 IDEF0 基本模型的图形表示

按照结构化自顶向下、逐步求精的分析原则,IDEF0 的初始图形首先描述了系统的最一般、最抽象的特征,确定了系统的边界及功能概貌;然后,对初始图形中所包含的各个部分进行逐步分解,形成对系统较为详细的描述,并得到较为细化的图形表示,经过多次反复迭代,IDEF0 方法把一个复杂事物分解成一个个部分、成分,最终得到的图形细致到足以描述整个系统的功能为止。

每个 IDEF0 模型必须说明一组特定的需求。例如,描述系统完成的是什么功能,说明系统是如何设计和构造的,解释如何使用及维护一个系统等。

2. 作战活动分解的方法

系统功能分解是 IDEF0 中进行作战活动分解的基本方法。系统功能分解采用自顶向下逐层展开的方式进行分解,如图 4-21 所示。其中,盒子代表系统中的功能或是活动,箭头代表盒子中的活动与外界联系的 4 类接口,即输入、输出、控制和机制。

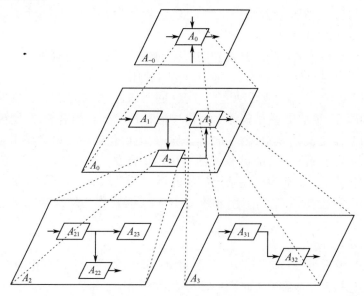

图 4-21 作战活动分解示意图

A_0:将 A_{-0} 层级展开,描述出建模人员所要表达的观点。

A_2、A_3:对 A_0 所展开的某一项功能,做出更详细的分解,使此模型的目标被更充分地描述。

A_{21}、A_{22}、A_{23}、A_{31}、A_{32}:对 A_2、A_3 所展开的某一项功能做出更详细的分解,使此模型的目标被更充分地描述。

3. 建模步骤

基于 IDEF0 的作战活动建模步骤如图 4-22 所示。

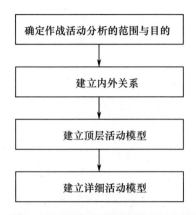

图4-22 基于IDEF0的作战活动建模步骤

（1）确定作战活动分析的范围和目的。在作战活动建模之前，应确定作战活动分析的范围和目的。范围是指将作战活动作为一个更大系统的一部分来看待，它描述了外部接口，区分了与环境之间的界限，确定了模型中需要讨论的问题与不应讨论的问题。其目的是指导作战活动建模的意图。作战活动建模的范围和目的，指导并约束整个建模过程，故可以保证模型的一致性。

（2）建立内外关系。通过分析作战活动这一系统与外部的关系，构建 A_{-0} 图。此时，并不需要分析作战活动这一系统的内部功能需求。A_{-0}图描述系统的总体需求，确定了系统的边界，是进一步开展作战活动分析的基础。

（3）建立顶层活动模型。从作战功能出发，将所研究的作战活动分解为一系列相互关联的作战活动，每一类作战活动描述了完成作战任务的每一类作战功能。通常是将所研究的作战活动系统按功能分解为一系列作战活动子系统，并分析作战活动子系统之间的信息交互关系。顶层作战活动模型采用层次结构图和活动流程图分别表示作战活动系统的组成情况以及各子系统之间的相互关系。

（4）建立详细活动模型。按照作战功能的实现步骤和流程，将作战活动子系统进一步分解为一系列更加详细的作战活动，并根据需要一直分解到足够细的粒度。作战活动分解的粒度粗细，与研究问题的目标直接相关，粒度太粗，难以满足研究目标的需要；粒度太细，往往又会增加工作量；因此，作战活动分解粒度的确定，应根据研究目标慎重选择。

4. 实例分析

坦克连机动进攻作战指挥，是坦克连机动进攻作战的主要内容，是坦克连完成任务的必要保证。根据坦克连机动进攻作战的任务、作战环境、上下级关系以及友邻支援情况，可构建如图4-23所示的坦克连机动进攻作战指挥控制信息图。其中,坦克连机动进攻作战指挥的输入为上级作战企图及本级作战任务,输出为本级作战实施计划;约束为战场环境、装备性能、敌我力量对比等,实施组织为坦克连指挥员和分队指挥员。

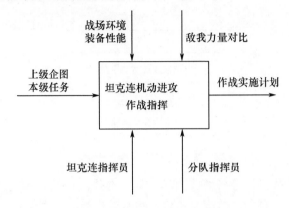

图4-23 坦克连机动进攻作战指挥控制信息图

根据坦克连机动进攻作战指挥的过程,按照作战功能,可将坦克连机动进攻作战指挥活动进一步分解为受领任务、侦察判断、定下决心、下达命令、组织战斗协同等5个子活动,如图4-24所示。该图描述了完成坦克连机动进攻作战指挥的主要活动。

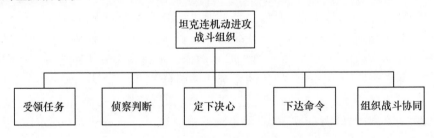

图4-24 坦克连机动进攻作战指挥活动分解图

根据坦克连机动进攻作战指挥活动的分解情况,考虑各子活动之间相互关系和信息关系,可构建如图4-25所示的坦克连机动进攻作战指挥活动流程图。

4.4.4.3 基于SysML的作战活动建模方法

1. SysML 简介

为了满足日益复杂的系统工程的实际需要,国际系统工程学会和对象管理组织决定在对UML2.0的子集进行重用和扩展的基础上,提出一种新的系统建模语言SysML(Systems Modeling Language),作为系统工程的标准建模语言。

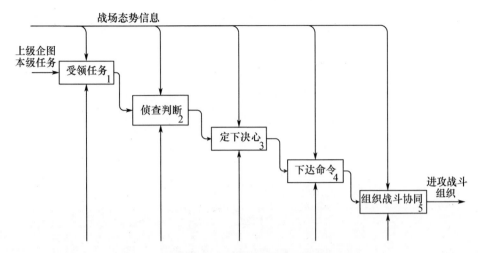

图4-25 坦克连机动进攻作战指挥活动流程图

SysML的目的是统一系统工程中使用的建模语言。2003年3月，OMG（Object Manegement Group）公布了UML for SERFP（UML for Systems Engineering Request for proposal），5月召开了首次会议，并成立了由用户、开发商和政府机构组成的支持SysML的非正式组织。2004年1月12日，SysML的非正式组织向OMG提交了SysML0.8版，2004年10月11日向OMG提交了第二次修改后的SysML0.85版，2005年1月10日向OMG提交了第三次修改后的SysML0.9版。SysML0.9版是一个重要的里程碑，它确定了核心的系统工程图形，随后SysML1.0被OMG作为标准采纳。目前，SysML1.3版本已经发布。

SysML的目标是"为系统工程提供一种标准化的建模语言来进行复杂系统的分析、描述、设计与校验，以提高系统的质量、改进不同工具之间进行系统工程信息交互的能力，并且帮助建立系统、软件与其他工程学科之间的语义连接"（OMG，2003）。SysML支持大范围内复杂系统的描述、分析、设计、验证与确认，这些系统包括硬件、软件、信息、过程、人员以及设备等。SysML的开发者提出的开发过程是模型驱动、以体系结构为中心、迭代递增的。基于SysML模型驱动的系统开发方法加强了模块间的互操作和重用，有利于软件工程师与其他学科之间关于需求和设计进行有效的沟通，从而提高软件工程的质量和效率。

SysML是从UML的基础上扩展而来，SysML和UML之间的关系如图4-26所示。图中包含UML和SysML的语言构造集分别用两个标以UML和SysML的圆来显示。这两个圆的交集，就是标以"SysML重用的部分"的阴影部分，指SysML重用的UML建模构造。图中标以"SysML对UML的扩展"的区域，指为SysML定义的新的建模构造，它在UML中没有对应物，或取代UML构造。在

UML2 中也存在一部分是执行 SysML 所不需要的,这个区域标以"没有被 SysML 重用的部分"。

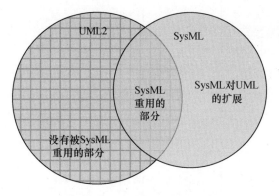

图 4 – 26　UML 和 SysML 的关系

SysML 语言重用和扩展了 UML 的很多包。在语言形式方面,SysML 和 UML 同样在给出自身的语义说明时采用了半形式化的描述方法。虽然形式化的表示方法具有提高描述的正确性、减少描述的二义性和不一致性、增强描述的可读性等优点,但语言的完全形式化是极为复杂的,因此,为了保持描述的清晰易懂,SysML 用自然语言(英语)描述约束和详细语义,力求实现形式严格和易于理解之间的平衡。通过 ISO – AP233 数据交换标准和 XMI 模型交换标准,SysML 语法支持各种系统工程工具之间的互操作。

SysML 的图形表示是 SysML 的可视化表示,是用来为系统建模的工具。SysML 定义了 9 种基本图形来表示模型的各个方面。从模型的不同描述角度来划分,这 9 种基本图形可分成 4 类:结构图(Structure Diagram)、参数图(Parametric Diagram)、需求图(Requirement Diagram)和行为图(Behavior Diagram),如图 4 – 27 所示,SysML 模型种类及其分类如表 4 – 5 所列。

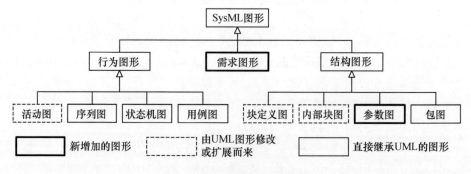

图 4 – 27　SysML 图形分类表

表4-5 SysML模型种类及其分类

模型种类	视图名称	描述方法
需求模型	需求图	描述需求和需求之间以及需求与其他建模元素之间的关系
结构模型	块定义图	描述系统的物理结构组成与关系,与系统功能对应
	内部块图	描述子系统(或组件)的物理结构组成与关系
	包图	描述系统的分层结构
行为模型	活动图	描述满足用例要求所要进行的活动以及活动间的约束关系,有利于识别进行活动
	序列图	描述对象间的动态合作关系,强调对象间消息的发送顺序
	状态机图	描述系统对象所有可能的状态以及事件发生时状态的转移条件
	用例图	描述系统的功能及其操作者
参数模型	参数图	定义了一组系统属性以及属性之间的参数关系,强调系统(或组件)的属性之间的约束关系

2. 活动图及其元素

SysML中的活动(Activity)从UML2.0的活动中扩展而来,它是SysML活动图、序列图和状态机图中的基本行为单元。活动建模强调活动的输入、输出、顺序和活动影响行为的条件。SysML活动图(Activity Diagram)用于描述动作之间的控制流以及输入、输出流。活动图和系统工程领域的增强型功能流块图EFFBD类似,只是采用的术语和符号不同。活动图提供了相应的图元与建模语义,为作战活动模型的设计提供了支持。

SysML活动图中的一些基本图元如图4-28所示。

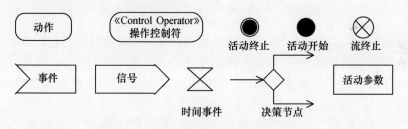

图4-28 SysML活动图的基本图元

3. 应用举例

已知我方阻击式防空作战的基本设想为:我方阻击式防空体系在200千米长的海岸线上呈线形布防,阻止敌方袭击我方内陆重要目标。当我方预警雷达或预警机发现且识别目标后,利用数据链和无线电通信链路向指挥控制中心传输目标信息,指挥控制中心对获得的信息进行处理,一方面进行态势评估,生成作战命令,另一方面控制中远程防空导弹武器系统的指控雷达系统对目标进行定位,等待作战命令并准备对目标进行锁定射击拦截,当获得打击命令后,对目标实施射击拦截,拦截后生成拦截报告传给指挥控制中心供态势评估所用,作出下一步作战指示。阻击式防空体系作战活动模型如图4-29所示。

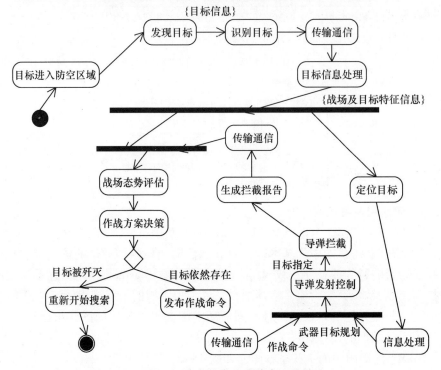

图4-29 阻击式防空体系作战活动模型

由阻击式防空作战构想可知,防空体系在对敌方来袭目标进行拦截时,首先要发现并识别出目标,将目标及环境信息传输到指挥控制中心对信息进行处理,信息处理完成后一方面用于指挥中心进行决策,另一方面传输到火力打击类系统,对目标进行定位,做好射击拦截目标的准备,等待指挥控制中心作战命令的下达。一旦接收到作战命令,立即对目标进行射击拦截,并将拦截结果生成拦截报告传输给指挥控制中心做下一步态势评估分析。确认目标被歼灭后,防空体系重新转入正常的对防空区域的搜索,以发现可能存在的敌机目标。

4.4.5 作战活动指标分析

作战活动的衡量尺度与标准构成作战活动指标,是在一组特定条件下作战部(分)队必须达到的水平,是作战活动客观属性的本质描述。通常,每项作战活动的开展,都将有一个或多个指标进行衡量。将作战活动的指标与作战条件相联系,就可以为军事行动及作战训练的计划、实施和评估提供依据。

4.4.5.1 作战活动指标分类

作战活动指标是衡量作战活动是否完成的标准和依据,必须能够从作战活动要求达到的效果出发,进行作战活动指标分析。通过对作战活动综合分析,可将作战活动指标分为时间型、空间型、效率型、效果型和数量型5种基本类型,如表4-6所列。

表4-6 作战活动指标类型

类型	衡量尺度	举例	标准
时间型	作战活动开始、结束或持续的时间	地面进攻作战中对敌方前沿阵地发起攻击的时间	时间
		炮兵分队对敌方快速机动部队的袭扰时间	
空间型	作战活动影响的空间区域的大小	地面突击分队对某地域的有效控制面积	空间
		空军航空兵夺取制空权的空域	
效率型	作战活动在规定时间内完成任务的速度	信息传递速率	Bit/s
		机动速度	km/h
效果型	作战活动要求或达成的预期作战效果	对地装甲目标的毁伤概率	%
		我陆军航空兵的生存概率	
		进攻战斗中的装甲装备参战率	
数量型	作战活动消耗或破坏的装备及物资的数量	进攻战斗中反坦克导弹消耗量	数量
		敌方装甲目标的毁伤数量	

4.4.5.2 作战活动指标选取

作战活动指标的选取,应紧紧围绕作战活动发生的环境及其作战效果进行,并充分考虑作战活动的基本特征,一般应遵循以下原则。

(1)任务指标应能够充分界定所要求的任务执行程度。每项任务都有一个或多个指标,一个指标可以通过使用任何适用于一项任务的执行程度来设定。有些情况下,一个指标就足够了;然而,在多数情况下,任务分析主体可能需要使用不止一个衡量尺度来设定指标,如此才能充分界定所要求的任务执行程度。例如:在设定攻击敌目标的指标时(为支援战役机动提供火力),在威胁方拥有压倒性优势地面部队的条件下,可能既需要衡量攻击时间的指标(确定目标后完成攻击所用的分钟数),又需要衡量打击精度的指标(被歼灭、迟滞、干扰或削弱的敌军的百分比),才能充分界定所要求的任务执行程度。

（2）任务指标应简单易懂。简单的指标只需要一个量度（例如：制定作战命令所用的小时数），这种指标对组织来说可能最易懂。一个比较复杂的指标可能涉及比率（例如：被摧毁敌目标与己方损失的比率），这种复杂的指标试图更有意义，但实际上往往反映了不止一项任务的作用（例如：被摧毁的敌目标数量与攻击敌目标有关，而己方损失与保护己方部队与系统有关）。

（3）任务指标应反映任务对达成使命的作用。选择任务指标，是要基于使命的背景来确定指标。使命确立执行任务的需要，并提供任务执行的背景（包括任务必须在何种作战环境下执行），它决定任务必须在何时与何地执行（一个或多个地点），最后，它决定任务必须执行到何种程度（暗含于作战方案中），并且提供一种准确理解一项任务的执行对达成使命有何作用的方法。

（4）指标应能反映任务执行的关键方面。每项任务都有多个可观察的执行方面，并且每个方面都有一个具体说明可以接受的执行程度的标准。大多数任务都可从以下方面进行衡量：启动或完成任务所需要的时间（即反应时间）、进展的速度（如移动速度）、完成或成功的总体程度（如正确识别目标的百分比和命中率）、从能力（如发射距离）角度衡量的偏差大小（如火力接近目标的程度）、杀伤力（如一次命中的杀伤率）或成效（如正确发送的文电的百分比）。在设定任务指标过程中，应该能够找到任务执行的关键方面。

（5）设定的任务指标应能区分多个执行程度。好的任务指标应能区分多个执行程度（而不是一个两分化的衡量尺度）。这通过使用绝对数值尺度（例如：适用于数量、时间或距离的绝对数值尺度）或相对尺度（例如：数量、时间或距离的比例）最容易做到。

（6）任务指标应聚焦于任务执行的产物、结果或者聚焦于完成任务的步骤。确定任务的执行程度方面，应聚焦于执行的产物或结果；在选定的情况下，也可聚焦于所遵循的步骤（例如：正确或以正确顺序执行的分步骤的数量或百分比）。任务执行的程度不应是执行任务的某个特定手段所特有的，而应适用于执行任务可以使用的所有手段。

（7）任务指标应设法利用绝对尺度和相对尺度两者的长处。绝对尺度是那些从一个起点（通常是零）开始，衡量发生数量、时间长度或移动距离的尺度，绝对尺度的优点是执行的结果或产物得到明确说明，缺点是缺乏关于任何特定值是否适当或足够的信息。相对尺度是那些将特定值与总数进行比较的尺度，常常表示为比例或百分比（如完成的百分比），相对衡量尺度的优点是可以清楚表明任务的完成程度，主要缺点是不能说明在任务上所做努力的规模或范围。

4.4.5.3 作战活动指标量化

作战活动分析的过程是一个由抽象到具体、由定性到定量、由复杂到简单的分析过程,因此作战活动指标的量化过程必然是一个由综合到单一、由定性到定量的过程,不可能直接得到。因此,作战活动指标量化,必须按照指挥信息系统作战使命要求,综合考虑现代战争规律和作战运用特点,以历史战例研究成果为基础,按照作战活动指标的内在属性,恰当选用经验推算、解析计算、标准比照和计算机模拟等方法,科学确定作战活动指标的取值范围。

(1)经验推算法。参照以往类似战例或作战训练的作战活动指标要求,结合作战活动的战场环境和战斗任务,给出当前作战活动的指标要求。如进攻作战中,一般认为敌方主战装备的战损率达到65%,则敌方基本丧失防御能力,本次进攻作战任务已完成。在作战活动分析时,根据作战活动的战场环境和战斗任务,也可以将进攻作战的胜利目标定为敌方主战装备战损率达到65%。

(2)解析计算法。根据作战活动的战斗任务、作战原则,考虑指挥信息系统的战术技术性能指标,构建包含战斗任务、指挥信息系统战术技术性能指标等参数在内的解析计算模型,通过模型计算,确定指挥信息系统作战活动的任务指标。以进攻作战中的迂回攻击为例,迂回攻击分队按照预定的迂回路线到达攻击地域的时间可以表示为迂回路程与迂回分队平均迂回速度的函数,通过函数计算即可确定该项作战活动的完成时间指标。

(3)标准比对法。按照作战条令、指挥信息系统作战使用规程、指挥信息系统保障标准等,结合作战活动的战场环境和战斗任务,预测作战活动的指标要求。以弹药携运行标准为例,不同规模部队中不同类型的弹药携运行量均有明确的规定,如摩步师某型反坦克导弹的运行标准为0.25个基数(或2发),携行标准为0.5个基数(或4发),则摩步师反坦克分队的弹药使用计划中可供使用的反坦克弹药数量应以规定中明确的携行量和运行量为准进行设计。

(4)计算机模拟法。根据作战活动的战斗任务和战场环境,采用对抗条件下的作战仿真模拟系统,通过模拟作战活动的执行情况及指挥信息系统交互情况,以指挥信息系统的战技性能指标为基础,以各兵种指挥信息系统的作战运用原则为依据,在作战企图的总体指导下,确定相应作战活动指标的量化情况。

上述4种作战活动指标量化方法,各自具有不同的分析优势和劣势,如表4-7所列。

由表4-7可知,上述4种方法在作战活动指标分析时均有用武之地,但是由于作战活动特点及其任务属性的不同,上述4种方法在作战活动指标量化分析时应结合作战活动的特点及其任务属性,合理选择恰当的作战活动指标量化方法,以提高作战活动指标量化的科学性和准确度。

表 4-7 作战活动指标量化方法优劣分析

方法	优点	缺点
经验推算法	实用性强,计算简单,若可供参考的战例资料丰富、基础数据可靠,便于给出较准确的装备保障需求数据	(1) 我军可供借鉴的战例资料较少较旧,已不能适应未来信息化条件下一体化联合作战的作战活动分析要求; (2) 简单对比作战条件,类比给出作战活动指标,显得有些机械。因为即使作战企图相同的多项作战活动,受作战地域、作战时间、作战样式、指挥员指挥艺术等因素的影响,作战活动的指标要求也不会完全相同
解析计算法	量化程度好,结果比较可信	(1) 作战过程受各种因素影响,而理论数据和计算公式过于理想化,影响因素考虑较少,难以反映不同作战活动的具体情况; (2) 理论计算法,比较适应于武装力量及其作战能力成线性变化的情况,难以反映高技术条件下"节点""要害"被毁可能给作战过程带来的非线性变化; (3) 容易陷入机械计算的误区,导致预计结果错误。例如以阵地进攻作战中的装备保障活动为例,在使用不同兵力攻击时,若简单地按照兵力数量和损坏率、消耗率之间的关系计算,会造成兵力越多装备保障需求越多的结果;事实上,可能由于兵力的增加,达成集中优势兵力的态势,可以以更少的损失获得作战的胜利,意味着装备保障的需求可能大幅减少
标准比对法	有法可依,操作简单,符合军队作战的相关规定	灵活性差,不能充分反映使命任务、战场环境、作战样式等对标准数据的影响情况
计算机模拟法	结果准确、精细,能够比较真实地反映作战企图和作战过程	(1) 需要建立系统可靠、模型正确、结果可信的作战对抗仿真系统,由于受各种条件的制约,目前我军尚没有比较可信的系统; (2) 预测条件要求比较详细,需要对交战双方的作战企图和作战计划均有详细描述,条件准备数据量大,准备时间长,会延长作战活动指标量化的时间; (3) 底层数据要求详细准确,包括作战规则、装备战技指标、装备毁伤标准等数据,任一部分数据的错误都将对整个作战活动指标量化结果产生重大影响

4.5 作战活动集成

由于指挥信息系统使命任务的多样性,不同的使命任务将需要由不同的作战活动来完成,形成适应于多个使命任务的若干作战活动集合。而且,即使同一个使命任务也可能因为作战样式、力量编组等的差异,分解出多个不同的作战活动集合。由于作战活动的层次分解特性,同一个下层的作战活动有可能支持多个上层作战活动的完成,上层作战活动也需要若干个下层作战活动的支持,也就是说上层作战活动与下层作战活动之间是典型的多对多关系,而且上层作战活动所需要的下层作战活动极易产生重复和冗余。这些重复和冗余的作战活动指标可能存在的名称一致、指标不一致,指标一致、指标要求不一致等情况,为了比较全面地构建指挥信息系统作战活动体系,有必要采用合适的作战活动集成方法,对分解得到的作战活动集合进行作战活动及其指标的去冗余、综合处理。根据作战活动分析的结果,通常有两种作战活动集成方法,即基于描述性统计的作战活动集成方法和基于模糊聚类分析的作战活动集成方法。

4.5.1 基于描述性统计的作战活动集成方法

描述性统计方法,是在作战活动名称及其指标规范化处理的基础上,参考作战活动的重要程度和指标内容,统计分析作战活动及其指标的分布和趋势,为科学构建作战活动体系提供依据。描述统计方法重点研究作战活动的百分比及其分布、集中趋势测量、离散趋势测量和相关程度测量4个内容。

1. 百分比及其分布

统计各类作战活动在某作战活动集合或所有作战活动集合中的出现次数,绘制作战活动统计频率及其分布图。根据作战活动及其指标的频次和指标分布情况,研究同类作战活动及其指标的差异,进而综合提出该类作战活动及其指标要求。

2. 集中趋势测量

当相同的作战活动具有多组不同的作战活动指标,且作战活动指标取值具有较大差异时,可以通过分析作战指标取值的均值、中位数、最大值与最小值,作为进行作战活动指标取值折中处理的依据。

3. 离散趋势测量

方差或者标准差的测量可以用来反映作战活动信息的信度、采取同类作战活动的各作战人员之间的差异等。

4. 相关程度测量(包括重叠度测量)

相关程度测量可以揭示各个作战活动之间的相似程度或差异程度以及信息的信度等,可用于作战活动结构的分类。其中,相关程度测量在作战活动分析中的应用,最常见的是有关作战活动重叠度的测量。则作战活动重叠度 PO 可表

示为

$$PO(A,B) = [2X/(N_1 + N_2)](100)$$

式中：$PO(A,B)$为作战流程A与作战流程B的作战活动重叠百分比；X为A与B共有的作战活动数；N_1为A的作战活动数；N_2为B的作战活动数。

4.5.2 基于模糊聚类的作战活动集成方法

采用模糊聚类分析方法，可以依据作战活动的特征及其相似程度，利用模糊数学的方法定量表示作战活动间的相似关系，从而建立不同作战活动之间的模糊相似关系矩阵，并按照给定的聚类水平对作战活动进行分类与集成。

4.5.2.1 模糊聚类方法

模糊聚类分析方法是利用样本之间的相似性，采用[0,1]之间的一个数（相似系数）来表示相似程度，两两对比获得一个由相似系数组成的矩阵$\underset{\sim}{R}$。该矩阵具有自返性和对称性，但要判断类别还需使矩阵具有传递性，即模糊等价关系R。

其中，自返性：$\forall a \in U, R(a,b) = 1$。

对称性：$\forall a,b \in U, R(a,b) = R(b,a)$。

传递性：$\forall a,b,c \in U, \lambda \in [0,1]$，当$R(a,b) \geq \lambda, R(b,c) \geq \lambda$时，$R(a,c) \geq \lambda$，则称$R$为$U$中的一个模糊等价关系。

定理：如果集合x含有n个元素，且$\underset{\sim}{R}$是x上的模糊相容关系，则有$\underset{\sim}{R}_{n+1} = \underset{\sim}{R}_{n+m}$（$m$是任意自然数），$\underset{\sim}{R}_{n+1}$必有自返性、对称性、传递性。就是说$\underset{\sim}{R}$经过$n+1$次复合后，即可得到相应的模糊等价关系$R$。根据该定理，对于模糊等价关系，可以给定一个聚类水平，将样本划分成若干类，调整聚类水平，直到得到所需的分类。

应用这一原理可以将不同专家的任务信息集成意见整理成模糊相容关系$\underset{\sim}{R}$，通过对矩阵$\underset{\sim}{R}$的不断复合进行专家意见的量化整合，剔除极端的意见，并将专家的整体意见通过调整聚类水平的方式，模糊等价关系R中体现出来，这样就可以较为客观地分析出专家群体的任务信息集成意向。

4.5.2.2 分析步骤

（1）规范整理作战活动样本。首先，对需要统计分类的个作战活动进行编号，建立对应关系，生成作战活动样本列表，如表4-8所列；其次，评审组根据确定的个特征标准，对作战活动样本进行评价，整理成作战活动样本统计表，如表4-9所列。

表4-8 作战活动样本

序号	作战活动样本
1	作战活动1
2	作战活动2
⋮	⋮
	作战活动

表4-9 作战活动样本统计

作战活动样本	特征标准			
	1	2	⋯	
1			⋯	
2			⋯	
⋮	⋮	⋮	⋮	⋮
			⋯	
	$\min\limits_{n}\{y_{n1}\}$	$\min\limits_{n}\{y_{n2}\}$	⋯	$\min\limits_{n}\{y_{nm}\}$
max	$\max\limits_{n}\{y_{n1}\}$	$\max\limits_{n}\{y_{n2}\}$	⋯	$\max\limits_{n}\{y_{nm}\}$

（2）对作战活动样本进行标准化处理（表4-10）。在实际的统计分类过程中，对不同作战活动的评价可能使用不同的量纲，为使不同的量纲也能进行比较，需要对作战活动评价量纲做适当的变换，以消除不同量纲的影响。根据模糊矩阵的要求，将作战活动评价压缩到区间[0,1]上，可以采用平移—极差变换：

$$x_{nm} = (y_{nm} - \min_{n}\{y_{nm}\})/(\max_{n}\{y_{nm}\} - \min_{n}\{y_{nm}\}) \qquad (4-1)$$

表4-10 标准化处理结果

作战活动样本	特征标准			
	1	2	⋯	m
1	x_{11}	x_{12}	⋯	x_{1m}
2	x_{21}	x_{22}	⋯	x_{2m}
⋮	⋮	⋮	⋮	⋮
n	x_{n1}	x_{n2}	⋯	x_{nm}

（3）计算作战活动样本之间的贴近度，建立模糊相容关系。设 $X:\{x_1, x_2, \cdots, x_n\}$ 为被分类对象全体，每一对象 $x_i(1 \leq i \leq n)$ 由一组数据 $(x_{i1}, x_{i2}, \cdots, x_{im})$ 表征。建立 X 上的模糊相容关系 $\underset{\sim}{R}$：

$$\underset{\sim}{R} = [r_{ij}]_{n \times m}, \quad i,j = 1,2,\cdots,n$$

式中：r_{ij} 为 x_i 与 x_j 的相似度，即作战活动样本之间的贴近度。r_{ij} 代表作战活动样本 $x_i(1 \leq i \leq n)$ 之间的接近程度或相似程度，用 $[0,1]$ 之间的数字表示，主要采用夹角余弦法进行计算：

$$r_{ij} = \sum_{k=1}^{m} x_{ik} x_{jk} \Big/ \sqrt{\sum_{k=1}^{m} x_{ik}^2 \sum_{k=1}^{m} x_{jk}^2} \qquad (4-2)$$

计算任意两个作战活动样本之间的贴近度，可以得到一个模糊相容关系，即 $\underset{\sim}{R} = [r_{ij}]_{n \times m}$。

（4）对模糊相容关系进行复合，得出模糊等价矩阵。以上建立的模糊相容关系 $\underset{\sim}{R}$ 是集合 X 上 $\underset{\sim}{R}$（模糊等价关系）的一级模糊关系，只具有自返性与对称性，不满足传递性。因此，需求出模糊相似矩阵 $\underset{\sim}{R}$ 的传递闭包 t（包含 $\underset{\sim}{R}$ 的最小的模糊传递矩阵），使其具有传递性。从 $\underset{\sim}{R}$ 出发，利用乘积法对模糊相容关系 $\underset{\sim}{R}$ 进行复合，依次计算 $\underset{\sim}{R}$、$\underset{\sim}{R}_2$、$\cdots$、$\underset{\sim}{R}_{n+1}$、$\cdots$、$\underset{\sim}{R}_{n+m}$，直至首次出现 $\underset{\sim}{R}_{n+1} = \underset{\sim}{R}_{n+m}$，则 $\underset{\sim}{R}_{n+1}$ 就是 $\underset{\sim}{R}$ 的传递闭包 t，即获得模糊等价关系 $R = \underset{\sim}{R}_{n+1}$。

（5）按照给定的聚类水平 λ，对作战活动样本进行分类与集成。在模糊聚类分析中对于 $\lambda \in [0,1]$ 的不同取值，可得到不同的样本分类，许多实际问题需要选择某个聚类水平 λ，以确定样本的一个具体分类。对作战活动样本进行分析归类时，首先，可以按实际需要，由具有丰富经验的专家组成评审组，结合专业知识确定聚类水平 λ 的数值；然后，得出在一定聚类水平上的等价分类，以此确定同一层次的作战部门及其人员的作战活动的类型个数。

对于模糊等价关系 $R = \underset{\sim}{R}_{n+1}$，给定一个聚类水平 λ，令

$$r_{ij} = \begin{cases} 0, r_{ij} < \lambda \\ 1, r_{ij} \geq \lambda \end{cases} \qquad (4-3)$$

将 r_{ij} 代入 $R = \underset{\sim}{R}_{n+1}$ 中，可以得到由元素 0 和 1 构成的矩阵，各行或各列中元素为 1 的就是 1 类，可将作战活动样本按照元素 1 的对应关系进行归类。最后，分析这些作战活动的共性特征，由专家评审组从术语库中选词和命名作战任务。

4.5.2.3 实例分析

为了便于理解，以北约某后勤支援机构的一些作战活动为例，作战活动样本如表 4-11 所列。

表 4-11 作战活动样本

序号	作战活动样本
1	确定后勤服务类型
2	提供供给支援、维护、维修和退役

(续)

序号	作战活动样本
3	提供调配和运输
4	提供医疗支援
5	提供物资相关服务配置
6	提供后勤训练

选取"勤务工作性质、对战斗全程的支持度和后勤指挥官的参与程度"作为分析这些作战活动的特征标准,获得作战活动样本统计表,如表4-12所列。

表4-12 作战活动样本统计表

作战活动样本	特征标准		
	勤务工作性质评分	对战斗全程的支持度评分	后勤指挥官的参与程度/%
1	57	52	19
2	87	80	54
3	64	68	40
4	100	100	52
5	29	24	20
6	40	40	25
min	29	24	19
max	100	100	54

利用式(4-1)对该作战活动样本进行标准化处理,获得作战活动样本数据的标准化处理结果,如表4-13所列。

表4-13 标准化处理结果

作战活动样本	特征标准		
	勤务工作性质	对战斗全程的支持度	后勤指挥官的参与程度
1	0.39	0.37	0.00
2	0.82	0.74	1.00
3	0.49	0.58	0.60
4	1.00	1.00	0.94
5	0.00	0.00	0.03
6	0.15	0.21	0.17

利用式(4-2)计算作战活动样本之间的贴近度,构建模糊相容关系,并对其进行复合,求出模糊等价关系。

$$\underset{\sim}{R} = \begin{bmatrix} 1 & 0.74 & 0.78 & 0.83 & 0 & 0.82 \\ 0.74 & 1 & 0.99 & 0.98 & 0.67 & 0.98 \\ 0.78 & 0.99 & 1 & 0.99 & 0.62 & 0.99 \\ 0.83 & 0.98 & 0.99 & 1 & 0.55 & 0.99 \\ 0 & 0.67 & 0.62 & 0.55 & 1 & 0.55 \\ 0.82 & 0.98 & 0.99 & 0.99 & 0.55 & 1 \end{bmatrix}$$

$$\underset{\sim}{R}_2 = \underset{\sim}{R} \times \underset{\sim}{R} = \begin{bmatrix} 1 & 0.83 & 0.83 & 0.83 & 0.67 & 0.82 \\ 0.83 & 1 & 0.99 & 0.99 & 0.67 & 0.99 \\ 0.83 & 0.99 & 1 & 0.99 & 0.67 & 0.99 \\ 0.83 & 0.99 & 0.99 & 1 & 0.67 & 0.99 \\ 0.67 & 0.67 & 0.67 & 0.67 & 1 & 0.67 \\ 0.83 & 0.99 & 0.99 & 0.99 & 0.67 & 1 \end{bmatrix}$$

$$\underset{\sim}{R}_4 = \underset{\sim}{R}_2 \times \underset{\sim}{R}_2 = \begin{bmatrix} 1 & 0.83 & 0.83 & 0.83 & 0.67 & 0.82 \\ 0.83 & 1 & 0.99 & 0.99 & 0.67 & 0.99 \\ 0.83 & 0.99 & 1 & 0.99 & 0.67 & 0.99 \\ 0.83 & 0.99 & 0.99 & 1 & 0.67 & 0.99 \\ 0.67 & 0.67 & 0.67 & 0.67 & 1 & 0.67 \\ 0.83 & 0.99 & 0.99 & 0.99 & 0.67 & 1 \end{bmatrix}$$

可见，$\underset{\sim}{R}_2 = \underset{\sim}{R}_4$，即 $\underset{\sim}{R}_2$ 是所列作战活动样本的模糊等价关系。

可以选取聚类水平 $\lambda = 0.83$ 或 $\lambda = 0.99$，利用式(4-3)分别对样本进行对比分析：当 $\lambda = 0.83$ 时，

$$R = \begin{bmatrix} 1 & 1 & 1 & 1 & 0 & 1 \\ 1 & 1 & 1 & 1 & 0 & 1 \\ 1 & 1 & 1 & 1 & 0 & 1 \\ 1 & 1 & 1 & 1 & 0 & 1 \\ 0 & 0 & 0 & 0 & 1 & 0 \\ 1 & 1 & 1 & 1 & 0 & 1 \end{bmatrix}$$

此时所列作战活动样本可以分为两类，即 $\{1,2,3,4,6\}$ 和 $\{5\}$；当 $\lambda = 0.99$ 时

$$R = \begin{bmatrix} 1 & 0 & 0 & 0 & 0 & 0 \\ 0 & 1 & 1 & 1 & 0 & 1 \\ 0 & 1 & 1 & 1 & 0 & 1 \\ 0 & 1 & 1 & 1 & 0 & 1 \\ 0 & 0 & 0 & 0 & 1 & 0 \\ 0 & 1 & 1 & 1 & 0 & 1 \end{bmatrix}$$

此时选取的作战活动样本可以分为3类,即{1}、{2,3,4,6}、{5}。

经评审组论证确定,聚类水平 λ 应为0.99,因此所列作战活动可以统计分为3类作战任务,通过专家评审组对归类的作战活动进行词义共性分析,提取归类作战活动的共性词义:"确定后勤服务类型"具有"协调控制—服务"的共性;"提供供给支援/维护/维修和退役、提供调配和运输、提供医疗支援、提供后勤训练"具有"执行—后勤物资—服务"的共性;"提供物资相关服务配置"具有"提供—后勤物资—服务信息"的共性。

第5章　指挥信息系统能力需求分析方法

作战能力是衡量指挥信息系统作战潜能的重要指标,是引领装备需求论证的重要依据。指挥信息系统的作战能力需求作为连接指挥信息系统使命任务需求和指挥信息系统系统需求的纽带,是装备需求论证的重要内容。明确指挥信息系统能力需求分析内容,规范指挥信息系统能力需求分析步骤,研究指挥信息系统能力需求分析方法,提高指挥信息系统能力需求分析的科学性和针对性,是指挥信息系统能力需求分析的重要内容,对于提高指挥信息系统需求论证质量具有重要意义。

5.1　概述

5.1.1　能力需求分类

能力需求可以划分为作战能力需求、装备能力需求和非装备能力需求,甫三者之间在生成顺序上是一种递进关系,其中,作战能力需求是初始能力需求,装备能力需求和非装备能力需求是为满足作战能力需求而进一步提出的能力需求,是从装备与非装备两种解决途径中分类而得到。

作战能力需求是从纯粹的军事观点面向部队提出的,是部队为达到预期的作战效果,在假想的作战条件和任务标准下,通过综合应用各种需要的资源完成一系列预想作战任务的本领。作战能力需求从需要的资源角度讲,有两种解决方案,分别是非装备解决方案和装备解决方案,因此就有非装备能力需求和装备能力需求的划分。

装备能力需求是从纯粹的技术观点和军事观点相结合、面向武器装备提出的,是指挥信息系统为达到预期的装备作战效果,在假想的作战条件和任务标准下,通过综合应用各种需要的装备资源实现一系列预想的功能任务所需要的本领。

非装备能力需求是从纯粹的政策观点面向部队提出的,是部队为达到预期的作战效果,在假想的作战条件和任务标准下,通过创新和完善作战军事理论、组织编制、训练水平、指挥关系、教育质量、现有装备数量、人员和设施以及相关政策等各种政策资源完成一系列预想作战任务的本领。

5.1.2 分析内容

能力需求分析针对指挥信息系统的作战能力域,以指挥信息系统作战能力目标为依据,构建指挥信息系统作战能力指标体系,并通过作战能力与作战活动的关联映射分析确定指挥信息系统的作战能力需求,为进行装备系统功能分析提供基础。能力需求分析的主要内容包括作战能力需求、作战能力差距和装备能力需求3部分内容。

(1) 作战能力需求。作战能力需求是指挥信息系统需求论证的重要内容,它依据指挥信息系统的多样化使命任务需求,通过作战活动与作战能力的关联映射,按照作战活动的指标要求提取作战能力需求及其指标要求,从而构建指挥信息系统发展的作战能力需求内容体系。

(2) 作战能力差距。指挥信息系统发展是立足于现有指挥信息系统的改进、提高和飞跃,指挥信息系统作战能力也是一个逐步完善、提高、飞跃的进化过程,随着指挥信息系统战术技术水平的提高,指挥信息系统的作战能力将满足甚至超过预期的作战能力需求。作战能力差距是指指挥信息系统作战能力需求与作战能力现状之间的差值,是衡量指挥信息系统战术技术水平的重要指标,是确定指挥信息系统需求重点和需求方向的主要依据,也是确定指挥信息系统发展方式(如新研、技术革新、维持等)的重要依据。

(3) 装备能力需求。装备能力需求是指挥信息系统发展必须要达到的作战能力要求,是从指挥信息系统的战术技术指标方面提出的指挥信息系统作战能力要求,是指挥信息系统发展的基本依据。

5.1.3 分析流程

能力需求分析,是由指挥信息系统的任务域向能力域分析的关键,目的是通过作战活动向作战能力映射,提出实现特定作战使命的作战能力清单,并根据作战条令、作战理论、作战方式的发展情况,确定为完成特定作战任务所必须具备的装备能力,其分析流程如图5-1所示,包括作战能力需求分析、作战能力差距分析和装备能力需求分析3个基本步骤。

(1) 作战能力需求分析。首先,根据指挥信息系统发展的能力目标,构建指挥信息系统作战能力指标体系;其次,通过建立作战活动—作战能力关联矩阵,由指挥信息系统使命任务需求提出作战能力需求,并根据作战活动之间的相互关系优化作战能力指标的相互关系。

(2) 作战能力差距分析。首先,通过对现有指挥信息系统及其作战运用的分析,提出现有部队作战能力指标方案,并进行评估;其次,综合运用作战能力分解比较、作战能力差距矩阵判断、作战能力效果对比等方法,将作战能力需求与现有作战能力进行比较,得到完成特定使命任务的作战能力差距,提出作战能力差距的量值和可能的弥补措施。

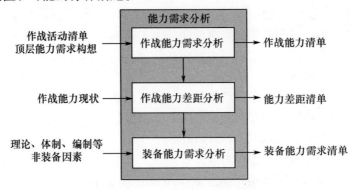

图 5-1 能力需求分析流程

(3)装备能力需求分析。在作战能力差距分析的基础上,综合分析未来战争形态和军队变革的方向和特点,着重从横向和纵向两个层次提出消除作战能力差距的方法和手段。横向上,重点考虑作战样式、作战手段、指挥理论、打击方式以及其他指挥信息系统可能的发展趋势,研究通过可能的非装备发展手段弥补作战能力差距的措施和手段,区分出通过非装备发展手段可以弥补的作战能力差距;纵向上,重点考虑指挥信息系统发展的趋势和关键技术的突破情况,结合作战能力差距,提出必须通过装备发展手段解决的指挥信息系统能力需求列表及其发展途径。

5.2 作战能力需求分析

作战能力需求是通过分析指挥信息系统作战能力的结构特点,建立指挥信息系统作战能力指标体系,提出指挥信息系统作战能力指标需求,为进行作战能力差距分析和装备能力需求分析提供依据。

5.2.1 作战能力结构

指挥信息系统作战能力是指指挥信息系统为执行一定作战任务所需的"本领"或应具有的潜力,是一个相对静态的概念,它是指挥信息系统体系的固有属性,由指挥信息系统体系的质量特性(性能参数/战技指标)和数量决定,与指挥信息系统体系的具体运用过程无关。由指挥信息系统的层次性特征可知,指挥信息系统体系的作战能力是通过组分系统的相对作用产生的,而非组分系统的简单求和。体系内各个组分系统之间的相互作用,最后产生聚合效果,形成一体。体系就是在这个形成一体的过程中涌现出来的新的作战能力,这些新的作战能力超过原有组分系统作战能力的总和。以武器装备体系为例,其能力结构如图5-2所示。

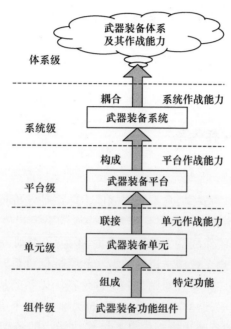

图5-2 指挥信息系统体系及其能力结构

(1) 武器装备单元及其作战能力。武器装备单元是由具有不同特定功能的武器功能组件,按一定的武器结构关系组成,具备独立作战能力的单件武器,如轻武器、坦克上的火炮、飞机上的航炮等。指挥信息系统单元作战能力是取决于组成它的武器装备功能组件的功能,如根据武器装备单元是否具有直接火力打击能力,可划分为"直接火力打击作战单元"和"非直接火力打击作战单元"。"直接火力打击作战单元"的作战能力属性包括:发射速率、射程、射击精度、可靠性、探测目标能力、防护能力,"非直接火力打击作战单元"的作战能力属性包括:探测信息能力、信息处理能力、电子战能力、防护能力。

(2) 武器装备平台及其作战能力。武器装备平台是由具有不同作战能力的武器装备单元与搭载工具,为完成作战任务联接而成的武器装备平台,如坦克、飞机和舰艇等。武器装备平台作战能力是由联接形成武器装备平台的武器装备单元和搭载工具的作战能力构成的。

(3) 武器装备系统及其作战能力。武器装备系统是由能够完成不同作战

129

任务的武器装备平台、根据武器作战编制关系构成的武器装备系统,如成建制的连或营所属的所有武器系统、海军的舰艇编队、空军的作战集群等。武器装备系统作战能力是由构成武器装备系统的武器装备平台及其编配关系构成的。

(4) 武器装备体系及其作战能力。武器装备体系指在一定的战略指导、作战指挥和保障条件下,为完成一定的作战任务,而由功能上互相联系、相互作用的各种武器装备系统组成的更高层次系统,如为完成"反空袭联合作战任务"的各种武器作战实体就组成了"反空袭武器装备体系"。武器装备体系作战能力是由耦合成武器装备体系的武器装备系统作战能力和协同作战关系构成。

5.2.2 作战能力指标体系

5.2.2.1 分析原则

(1) 系统性原则。指挥信息系统作战能力体系是评价指挥信息系统整体质量的重要标准,也是指导指挥信息系统发展建设的重要尺度,必须能够全面、系统地反映指挥信息系统作战能力的所有方面和要素;否则,片面、不合理的指标体系必将导致指挥信息系统需求论证的偏颇和指挥信息系统建设质量的降低。

(2) 科学性原则。科学性原则是制定评价指标体系的基本原则。科学性主要指指标体系的构建必须建立在科学、合理的基础上,每个指标有明确的内涵和解释,能够客观真实地反映出指挥信息系统作战能力的各个方面。科学性原则包括两个方面:一是指标的提出,不能主管臆断,随意设定;二是指标项目之间内在关系明确,指标个数不易过多。

(3) 定性定量相结合原则。评价指标有两类:定性指标与定量指标。定性指标是指无法或难以量化、只能通过人的经验进行主观判断的评价标准。定量指标是指可以通过数据确定指标值,具有相应的数学模型的评价指标。由于指挥信息系统体系的复杂性,指挥信息系统作战能力要素组成及其关系复杂,定性指标与定量指标并存,必须有机处理定性与定量这两类指标。

(4) 导向性原则。指挥信息系统作战能力指标体系必须要能够反映指挥信息系统发展的能力目标,并能够便于牵引指挥信息系统系统需求的分析与评估。

5.2.2.2 分析过程

指挥信息系统作战能力指标体系分析,以指挥信息系统发展的能力目标为依据,在指挥信息系统作战运用过程分析的基础上,按照指挥信息系统的作战用途、运用方式和技术体制等,提出指挥信息系统的作战能力领域及其作战能力指标,并在作战能力指标关系分析的基础上构建作战能力指标体系。其基本过程如图5-3所示。

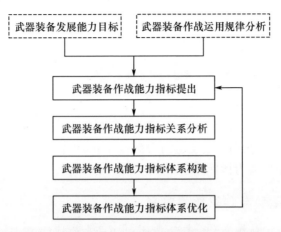

图5-3 指挥信息系统作战能力指标体系构建过程

（1）武器装备作战能力指标提出。根据指挥信息系统发展的能力目标及其作战运用规律,按照指挥信息系统的作战用途、运用方式和技术体制等,参照指挥信息系统体系的层次结构（体系、系统、平台、单元、组件）,在广泛征求专家意见的基础上,提出不同层次的指挥信息系统作战能力指标。

（2）武器装备作战能力指标关系分析。根据作战能力目标和作战能力要素构成,研究分析指挥信息系统作战能力指标的相互关系,为构建树型或网络型的作战能力指标体系提供依据。

（3）武器装备作战能力指标体系构建。根据作战能力指标及其相互关系,构建作战能力指标体系。

（4）武器装备作战能力指标体系优化。通过专家评估、仿真实验等方法进一步优化指挥信息系统作战能力指标的构成和总体结构。

5.2.2.3 分析举例

以某新型装甲突击系统为例,研究提出新型装甲突击系统的装备组成及其作战能力指标体系。

1. 能力目标

由新型装甲突击系统的发展要求可知,新型装甲突击系统必须具备机动突击、侦察感知、指控通信、火力打击、信息攻防和综合保障6个方面的能力（图5-4）,并以此为基础进行指挥信息系统使命任务和系统需求的设计与分析。

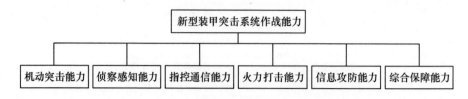

图 5-4 新型装甲突击系统作战能力目标

2. 作战能力指标体系构建

通过对新型装甲突击系统能力目标及其作战运用规律的深入分析,以火力打击能力为例,对火力打击能力进行分解与细化,可构建如图 5-5 所示的新型装甲突击系统作战能力指标体系。

5.2.3 作战活动与作战能力映射

作战能力需求分析的关键是构建作战活动与作战能力映射矩阵,将武器装备的使命任务需求转化为指挥信息系统作战能力需求,可采用 QFD 方法进行分析。QFD 方法是一种用户需求驱动的系统化分析方法,通过构建作战任务—作战能力质量屋,分析其作战任务与作战能力之间的映射关系,为面向作战任务确定作战能力需求提供依据。

1. 质量屋模型构建

质量屋是基于 QFD 的作战活动与作战能力分析的关键,质量屋是一个结构化的交流工具,它的基本方法是依靠质量关系矩阵,将用户需求用图形的形式表达出来并体系化,然后揭示它们与质量特性之间的关系。这里用图形表达装备作战需求,通过分析它们之间的关系,揭示问题的实质,从而更加正确地提出指挥信息系统的质量要求。作战需求质量屋由以下 6 个不同的部分组成,如图 5-6 所示。

(1) 作战活动。作战活动是指特定使命任务背景下的指挥信息系统典型作战活动,它来自于使命任务需求分析中的作战活动清单。

(2) 作战能力。作战能力是指挥信息系统作战能力指标体系中的各项能力指标。

(3) 作战能力结构与关系。作战能力结构与关系描述作战能力指标体系中作战能力的结构组成及其相互关系。

(4) 作战活动重要度。作战活动重要度是按照指挥信息系统使命任务要求对作战活动清单中各项作战活动的重要度评价,通常在使命任务分析阶段确定。

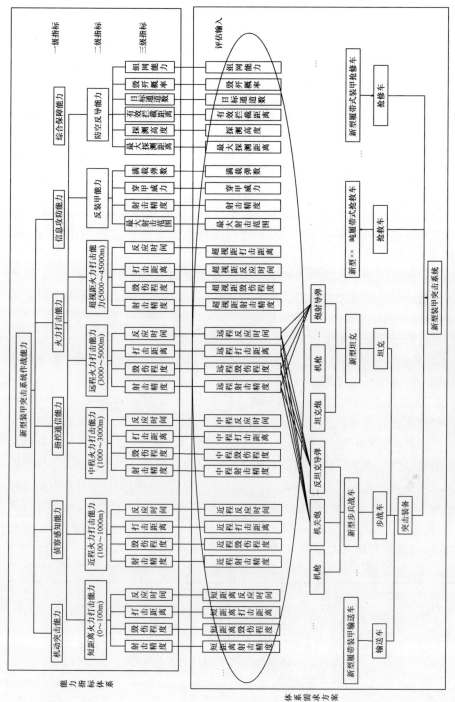

图5-5 新型装甲突击系统作战能力指标体系

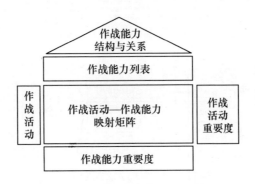

图5-6 作战活动—作战能力质量屋

(5) 作战能力重要度。作战能力重要度描述了各项作战能力指标相对于指挥信息系统能力目标的重要程度,是进行指挥信息系统作战能力评估的重要依据。

(6) 作战活动—作战能力映射矩阵。作战活动—作战能力映射矩阵,描述了作战活动与作战能力之间的关联关系,是进行作战活动与作战能力映射分析的关键。

在指挥信息系统需求论证时,需求分析人员可以将质量屋作为一种整理数据,并将数据转化成有效信息的方法;并通过质量屋进行作战能力需求的分析和作战能力指标体系的优化。

2. 作战活动与作战能力关系分析

构建作战任务—作战能力质量屋的关键是确定作战活动与作战能力的关联关系,进而优化指挥信息系统体系作战能力指标,检验作战能力指标体系对使命任务的适应性。由于作战活动的多样性和作战能力的灵活性,作战活动与作战能力之间是典型的多对多关系。从作战活动的角度看,不同作战能力的支持程度差异较大,可根据专家经验采用多级比例标度方法,表示不同的支持程度。这里,将作战能力对作战活动的支持程度划分为4个等级,即标志性能力、关键性能力、一般性能力和无关性能力,如表5-1所列。

表5-1 作战能力对作战活动的支持程度等级

序	等级	含 义	取值
1	标志性能力	装备完成所担负的核心任务所必需、对同类型装备应当填补空白、对于能否有效履行担负的使命任务具有决定性影响的能力,是装备之间划分的标准,一旦离开该项作战能力的支持,对应的作战活动必定无法完成	9

(续)

序	等级	含义	取值
2	关键性能力	装备完成所担负的主要任务所必需、对同类型装备的能力应当有明显提高、对于能否有效履行担负的使命任务具有重大影响的能力，是评判有重大改进的标准，对于完成作战活动、保证作战活动完成要求具有重大影响	6
3	一般性能力	装备完成所担负的非主要任务所需、对同类型装备没有必须提高的要求、对于能否有效履行担负的使命任务具有一定影响的能力，是评判一般性改进的标准，对于完成作战活动有一定的影响，但是并不影响作战活动目标的实现	3
4	无关性能力	表明某项作战能力需求指标与某项作战活动无关	0

3. 作战活动—作战能力质量屋举例

以某型坦克需求论证为例，已知其"机动集结"作战活动可以进一步分解为实施不低于 300km 的连续机动、在平原地区以不低于 35km/h 的平均速度连续机动、跨越不超过 3m 宽、不超过 1m 深的沟渠、快速通过坡度小于 30°的坡道等 5 项子作战活动，与作战活动"机动集结"有关的作战能力指标包括续航能力、平均越野机动能力、越壕能力、越墙能力、爬坡能力与涉水能力 6 项指标，则可以构建如图 5-7 所示的作战活动—作战能力质量屋。

支持度划分 标志性能力：9 关键性能力：6 一般性能力：3 无关性能力：0	续航能力	平均越野机动能力	越壕能力	越墙能力	爬坡能力	涉水能力	作战活动权重
实施不低于300km的连续机动	9	3	3	3	3	3	0.2
在平原地区以不低于35km/h的平均速度连续机动	0	9	6	6	6	6	0.4
跨越不超过3m宽、不超过1m深的沟渠	0	0	9	9	3	6	0.25
快速通过坡度小于30°的坡道	0	0	0	0	9	0	0.15
作战能力支持度	1.8	4.2	5.25	5.25	5.1	4.5	
作战能力客观权重	0.07	0.16	0.2	0.2	0.2	0.17	

图 5-7 某型坦克的作战活动—作战能力质量屋示例

由图 5-7 可知，作战活动"实施不低于 300km 的连续机动"与作战能力"续航能力""平均越野机动能力""越壕能力""越墙能力""爬坡能力"与"涉水能力"都有关系，其中"续航能力"为该项作战活动的标志性能力，其他能力为该项作战活动的一般性能力。

5.2.4 作战能力指标分析

5.2.4.1 指标类型

作战能力指标值反映了完成某项作战任务对该项能力的大小程度,通常可用经验类比法、解析计算法、仿真试验法和专家打分方法获取。根据作战能力的内涵特征和量化需求,通常可将作战能力指标区分为上限型、下限型、中心点型、区间型和布尔型5类。

(1) 上限型指标。上限型作战能力指标要求该指标的取值不超过某一上限阈值。如战场条件下,轻型装甲毁伤后恢复时间不超过1h;非作战环境下,道路中轻型装甲车辆恢复时间不超过4h;非作战环境下,沙漠中轻型装甲恢复时间不超过8h。

(2) 下限型指标。下限型作战能力指标要求该指标的取值不低于某一下限阈值。如低强度作战时,师级节点之间卫星通信带宽不低于2Mb/s。

(3) 中心点型指标。中心点型作战能力指标要求该指标的取值在某一中心点附近。如打击精度500km距离10m误差范围内,即在目标点周围10m范围内都满足需求。

(4) 区间型指标。此类能力需求指标要求该指标的取值落在某一区间范围内。如情报置信度范围为(75,100)。

(5) 布尔型指标。此类能力需求的指标没有量纲,或无法度量。如作战条件下,要求师级作战节点之间具备实时语音通信、图像传输能力。显然,上限型、下限型和中心点型能力需求指标可以看作区间型能力需求指标的特例。

5.2.4.2 指标关系

作战能力关系分析的基本依据是作战能力指标所支撑的作战任务之间的相互关系。通过作战任务之间的关系分析,并参考英国国防部体系结构框架中的能力分类视图和能力依赖视图中对能力关系的研究,将作战能力指标间的关系分为聚集、依赖和泛化3类。

1. 聚集关系 r_1

聚集关系表明一个能力和多个能力之间是整体与部分的关系,即存在作战能力指标 C_a、C_b,有 $C_a \supset C_b$,则作战能力指标 C_a、C_b 的关系 $R(C_a, C_b) = r_1$。若有作战能力指标 C_c 与 C_b 之间存在关系 $R(C_b, C_c) = r_1$,则有 $R(C_a, C_c) = r_1$。

2. 依赖关系 r_2

依赖关系表明一个作战能力的完成需要另外一个或几个作战能力的支撑,

即作为支撑条件的作战能力发生变化,则必然引起被支撑的作战能力的变化。即有作战能力指标 C_a、C_b,若有 $R(C_a,C_b)=r_2$,则说明 C_a 依赖于 C_b。

3. 泛化关系 r_3

泛化关系指明一个能力(超能力)与另一个能力(子能力)是一般和特殊的关系。子能力不仅含有超能力的全部特性,而且为每种特征附加了更多的信息。

能力需求之间通过上述 3 种关系相互关联,最终形成能力需求的结构,其按照能力需求节点之间关系的复杂程度构成树形结构、层次结构、网状结构 3 种结构,如图 5-8 所示。

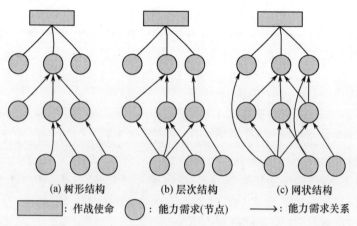

(a) 树形结构　　(b) 层次结构　　(c) 网状结构

▭:作战使命　　〇:能力需求(节点)　　⟶:能力需求关系

图 5-8　作战能力需求结构示意图

图中的箭头代表能力需求间的关系,箭头方向从具体的能力需求指向抽象的能力需求,从构成的能力需求指向上层的能力需求,从被依赖的能力需求指向依赖的能力需求。图 5-8 中,并未对 3 种关系进行区分。注意到,从作战使命到顶层的能力需求的连接是通过不带箭头的线段来实现,以示区别。因此能力需求结构图可表示为

$$CRS = \{cr_i, R(cr_i, cr_j) \mid cr_i, cr_j \in CR, R(cr_i, cr_j) \in \{r_1, r_2, r_3, \Phi\}, (i \neq j)\}$$

式中:cr_i 和 cr_j 为图中的能力需求节点;CR 表示能力需求节点的集合;$R(cr_i, cr_j)$ 为能力需求 cr_i 与能力需求 cr_j 间的关系;r_1、r_2 和 r_3 分别为能力需求间的 3 种关系;Φ 表示能力需求之间不存在关系。

5.2.4.3　指标取值

作战能力需求分析,应根据作战能力对作战任务的支持情况,由作战活动要求确定作战能力需求。

1. 分析原则

（1）重点分析支持程度为标志性能力、关键性能力的作战活动与作战能力关联关系。作战功能的划分同时适应于作战活动分解和作战能力指标体系构建，不同作战能力以不同的支持程度反应在不同的作战活动中。某项作战活动中的"一般性能力"往往会表现为另一项作战活动中的"标志性能力"或"关键性能力"，因此，从作战功能覆盖情况看，需求分析应有所侧重。

（2）作战能力需求应大于等于关联的作战活动完成要求。

2. 分析算法

粒度到单武器系统的作战活动完成要求与底层单一性的作战能力属性具有天然的对应关系，如作战活动"坦克开进"中的机动速度，与坦克"越野机动能力"的属性"越野速度"是一一对应关系。作战能力需求分析的关键就是根据作战活动的完成要求，权衡确定作战能力属性需求。根据完成作战任务的作战能力之间的相互关系，提出3种分析方法：

（1）取大算法：假定作战能力 C_1 与作战活动 T_A、T_B 关联，作战能力 C_1 的属性值 R_1 分别与作战活动 T_A、T_B 对应的活动要求指标 M_A、M_B 对应，且作战能力属性 R_1 越大越好，则 $R_1 = \max(M_A, M_B)$。

（2）取小算法：假定作战能力 C_1 与作战活动 T_A、T_B 关联，作战能力 C_1 的属性值 R_1 分别与作战活动 T_A、T_B 对应的活动要求指标 M_A、M_B 对应，且作战能力属性 R_1 越小越好，则 $R_1 = \min(M_A, M_B)$。

（3）差值算法：假定作战能力 C_1、C_2 均与作战活动 T_A 关联，作战活动 T_A 的完成需要作战能力 C_1、C_2 相互作用，且作战能力 C_1、C_2 不相交或部分相交，则作战能力 C_1 的属性值 $R_1 = M_A - R_2 + (R_1 \cap R_2)$。例如空中机动侦察任务，需要空中机动平台的机动能力和机载设备的侦察能力的叠加。

5.2.4.4 指标权重

由作战活动—作战能力质量屋可知，作战能力指标主要由作战任务活动指标映射得到，作战能力指标与作战活动指标之间存在着对应关系。由于使命任务目标不同，指挥信息系统的作战功能要求也不完全相同，为完成特定作战功能的相对具体的作战任务指标其重要度也不相同。在装备需求论证中，通常要根据使命任务目标的不同，确定装备体系所要完成的具体作战活动的重要程度，并依据作战活动的重要程度确定完成对应作战活动的装备系统的重要性和紧急程度。因此，可将作战活动重要度作为装备体系应具备的作战能力的贡献度的基本依据，并将作战能力贡献度的大小作为作战能力指标权重大小的依据。

由于作战能力与作战活动领域特征的不同，为了充分体现作战能力领域的重要度要求,进行作战能力权重分析时宜采用主观赋权和客观赋权结合的组合赋权方法。

1. 基于层次分析法的主观赋权方法

依据领域专家构建相对于上层指标的两两比较矩阵,确定指标权重,主要步骤为:

步骤一:依据作战能力指标体系,对同一层次各作战能力指标相对于上一层的重要性进行两两比较,得到权重判断矩阵;

步骤二:由判断矩阵计算相对于上层某一指标的各指标权重,并进行一致性检查;

步骤三:计算相对于上层所有相关指标的各指标合成权重。

通过 AHP 方法可得到各层作战能力指标权重,记某层 n 个作战能力指标的主观权重为 $W_s = (w_{s1}, w_{s2}, \cdots, w_{sn})$。

2. 面向作战任务的客观赋权方法

由作战任务—作战能力质量屋可知,作战能力与作战活动是多对多关系,即完成作战任务 T_i 需要 n 项作战能力支持。假定作战任务 $T = \{T_1, T_2, \cdots, T_m\}$ 中各作战任务指标的重要度分别为 $\alpha_1, \alpha_2, \cdots, \alpha_m$,作战任务对应的作战能力为 $C = \{C_1, C_2, \cdots, C_n\}$。其中,作战能力 $C_j(j=1,2,\cdots,n)$ 对作战任务 $T_1, T_2, \cdots, T_m$ 的支持程度分别为 $g_{j1}, g_{j2}, \cdots, g_{jm}$,如用 9、6、3、0 分别表示标志性能力、关键性能力、一般性能力和无关性能力,则有作战能力 $C_j(j=1,2,\cdots,n)$ 对作战任务的贡献度为 $d_j = \sum_{i=1}^{m} g_{ji} \alpha_i$。对各项作战能力指标的贡献度进行归一化处理得到各项作战能力指标的权重 $\beta_j = d_j / \sum_{i=1}^{n} d_i$,记为 $W_o = (w_{o1}, w_{o2}, \cdots, w_{on})$。

3. 组合权重确定

将主观权重 W_s 和客观权重 W_o 集成可得到指挥信息系统体系作战能力指标的组合权重 W。根据两种权重反映程度的不同,设权重偏好因子 μ_s 和 μ_o,μ_s、μ_o 分别表示主观权重和客观权重的偏好因子,且 $\mu_s + \mu_o = 1$。基于组合权重到主、客观权重的离差和最小的思想,可构建最优化模型

$$\min \sum_{i=1}^{m} [\mu_s(w_i - w_{si})^2 + \mu_0(w_i - w_{oi})^2]$$

其中 $\sum_{i=1}^{m} w_i = 1, w_i > 0, \mu_s + \mu_o = 1$

求解该最优化模型,可得到各作战能力指标对应的权重向量,记为 $W = (w_1, w_2, \cdots, w_n)$。

5.3 作战能力差距分析

作战能力差距分析的目的,是明确作战能力需求与作战能力现状之间的差距,它为进一步通过非装备因素和装备因素的调整与完善,实现作战能力需求提供方法途径。

5.3.1 作战能力差距的提出

1. 作战能力差距

美国国防部通过能力差距的概念来描述能力需求的差距。其最先于2003年在《联合能力集成与开发系统操作手册》(CJCSM 3170.01)中将能力差距定义为目前还不能够具备但将来可以设法获得的能够有效促进任务完成的各种资源。这种资源主要包括条令、机构、训练、装备、领导和培训、人员以及设施。随后又在2005年版的《联合能力集成与开发系统操作手册》(CJCSM 3170.01B)中将能力差距定义为为达到预期的作战效果,在规定的作战条件和标准下采用一些手段和方法实施一系列任务所表现出的能力缺失和不足。

综合美国国防部能力差距的定义和实践经验,我们认为能力差距是现有能力与能力需求的比较结果,当现有能力与能力需求相比有差距或不足,则两者之间就产生了能力需求差距。因此,可以将作战能力差距定义为:为获得作战能力需求,现有作战能力在作战能力需求内容、需求条件和需求标准上所存在的缺失和不足。在这一定义中,资源仅仅是缩小或解决作战能力差距的一种手段。

2. 作战能力差距的产生原因

产生作战能力差距有4个方面的原因:一是由于运用现有作战能力的熟练程度不足,造成现有能力没有发挥到应有的水平和程度,致使其与作战能力需求之间产生了差距;二是在某些领域或某些方面,现有作战能力不具备作战能力需求所涉及的内容,在这种情况之下产生了作战能力差距;三是现有作战能力与能力需求在作战能力内容上是一致的,但现有作战能力的标准和程度与作战能力需求标准相比存在不足;四是现有作战能力中的个别作战能力对实现整个使命目标没有实质性作用,甚至产生了反作用而迫切需要被某种能力需求所取代,在这种情况之下产生了能力差距。

3. 作战能力差距的演化特性

作战能力差距具有时间属性。当作战能力差距在某一段时间内固定不变时,可以通过作战能力差距的实现时间进一步判断实现作战能力差距的难易程度,如图5-9所示。

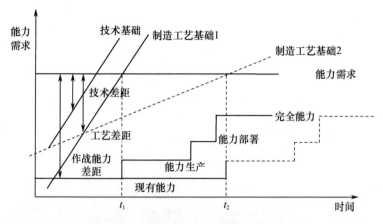

图 5-9 作战能力差距与时间的关系图

当制造工艺技术发展速度较快(制造工艺基础1线所示)且在时间 t_1 点具备了作战能力需求实现的条件,从此时刻经过一段时间的作战能力生产制造之后,作战能力差距有所缩小。当制造工艺技术发展速度较慢(制造工艺基础2线所示)且在时间 t_2 点具备了作战能力需求实现的条件,从此时刻经过一段时间的作战能力生产制造之后,作战能力差距有所缩小。因此,当作战能力差距能够在较短时间实现时,可以认为这个作战能力差距比较"小"或易以实现,当作战能力差距需要长时间实现时,可以认为这个作战能力差距比较"大"或难以实现。

5.3.2 作战能力差距的确定方法

5.3.2.1 能力分解比较法

由于现有作战能力与能力需求在提出的背景、时机、环境等方面有诸多不同,所以两者在内容表述上、能力任务的分解原则上、需求标准的设置上经常会产生差异。在这种情况下,比较能力差距就会造成一些障碍。能力分解比较法,就是通过运用能力分解图和能力列表将需要比较但无法实施比较的现有能力和能力需求进一步做能力分解,直到两种能力能够实施比较的过程。

如图 5-10 所示,对现有能力 1 和能力需求 1 进行能力需求差距比较,发现现有能力 1 的子能力 1.1 与能力需求的子能力 1.1 完全相同,但是现有能力 1 的子能力 1.2 和 1.3 与能力需求的子能力 1.2 在能力描述上内容有部分相似但无法实施比较。以此情况下,运用能力分解图对现有能力 1.2 和 1.3 及能力需求子能力 1.2 按照相同的原则和标准进行能力分解。分解方法是,按能力目标和能力效果划分作战任务,然后对能力任务进行一一对应比较。

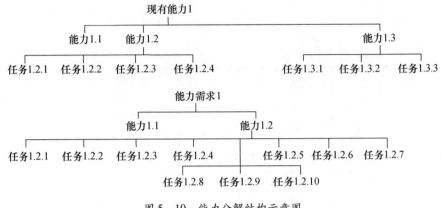

图 5-10 能力分解结构示意图

能力差距是对能力任务、能力任务条件及能力任务标准等的全面比较,运用能力分解图只解决了"可以比"的问题,还可以运用能力列表完成"怎么比"和"比什么"的问题。例如对现有能力1.2和1.3与能力需求1.2进行比较时,可运用能力列表详细列出两个能力所包括的能力任务、能力任务条件、能力任务标准等内容,并一一对应比较,如表5-2所列,比较结果包括任务标准有差距、任务条件有差距、任务内容有差距和没有差距4种情况。表中字母T代表能力任务。

表 5-2 作战能力差距比较列表(形式一)

能力编号	任务编号	任务名称	任务效果	任务条件	任务标准	有无差距	任务效果	任务条件	任务标准	任务名称	任务编号	能力编号
能力需求1.2	T1.2.1					标准有差距					T1.2.1	现有能力1.2
	T1.2.2										T1.2.2	
	T1.2.3					无差距					T1.2.3	
	T1.2.4										T1.2.4	
	T1.2.5					条件有差距					T1.3.1	现有能力1.3
	T1.2.6					无差距					T1.3.2	
	T1.2.7										T1.3.3	
	T1.2.8					内容有差距						
	T1.2.9											
	T1.2.10											

5.3.2.2 差距矩阵判断法

差距矩阵判断法是在能力分解比较法的基础上,通过应用差距矩阵判断能力差距的大小和程度等级的方法。此方法包括4步:

第一步是运用能力分解比较法初步确定能力需求及对应的现有能力所包含的能力领域和内容,初步确定并规范能力需求的能力名称和内容、能力包含的任务名称及其内容、任务评价指标的内容及其评价指标植,形成如表5-3所列的能力差距比较的主体内容。

表5-3 能力差距比较列表(形式二)

能力描述	任务描述	指标描述	能力需求指标值	对完成任务的作用度			当前需要研发的迫切度			现有能力指标值	差距等级
				至关重要	比较重要	一般重要	重点开发	需要加强	已经具备		
能力1名称											
	任务1名称:										
		指标1		●			▲				1
		指标2			●			▲			4
		指标3				●			▲		4
	任务2名称:										
		指标1	●					▲			4
		指标2		●		▲					1
能力2名称											
	任务1名称:										
		指标1			●	▲					2
		...									

第二步是判断各种能力需求的能力任务、任务指标对实现自身能力或使命目标所起的作用大小。这种作用大小可以用作用度来表示,分为至关重要、比较重要和一般重要3个程度。至关重要是指此项任务内容很关键,对能力需求的实现起决定作用;比较重要是指此项内容虽然对能力需求的实现不能起到决定作用,但依然很重要;一般重要是指此项任务对能力需求的实现有一定作用或起到一般性的辅助作用。作用度的确定可以通过专家组综合评判来完成,并在相应的位置以"●"来表示。

第三步是判断现有能力任务、任务指标需要进一步研究开发的迫切程度。迫切程度分为重点开发、需要加强、已经具备3个级别。重点开发代表当前在此方面内容还不具备或稍微具备,迫切需要加强研究开发或增加这方面的经验,其判断标准为现有能力任务指标值不存在或与能力需求指标值差距很大;需要加强代表当前已经具有此方面内容,但标准程度还有所不够,需要加强研究开发提高这方面的水平,其判断标准为现有能力任务指标值存在,但与能力需求指标值差距较大;已经具备代表当前此方面内容和水平,不需要研究开发,其判断标准为现有能力任务指标值存在且与能力需求指标值没有差距或已超过。迫切度的确定可以通过专家组综合评判来完成,并在相应的位置以"▲"来表示。

第四步是通过差距矩阵判断能力差距的大小和程度等级。差距矩阵如图5-11所示。数字1代表能力差距很大,需要重点研究开发;数字2代表能力差距较大,需要加强研究开发;数字3代表有能力差距,可以进行研究开发;数字3*代表虽然没有能力差距,但有进行研究升级的必要;数字4代表基本没有能力差距,现在没有进行研究升级的必要。数字1、2、3、3*、4从高到低依次描述了能力差距的大小或程度,并很好地对能力差距等级或解决能力差距的优先级进行了排序。上例中的确定结果如表5-3中的"差距等级"一列所示。

图5-11 能力差距矩阵

5.3.2.3 能力效果比较法

能力效果比较法是通过比较能力需求与现有能力的作战效果差距来间接判断能力需求差距大小的方法。其基本思想是:以各种能力实施的作战条件为基础,通过假想作战对象、作战环境、作战地域和作战环节拟定适用于这些能力的作战想定。在作战想定的指导和支撑下,分别将能力需求和现有能力(或能够产生这些能力的资源、方法和手段)假想应用于作战想定规定的作战场景中,通过作战实验或作战仿真等方法完成作战效能评估,最终通过作战效能评估值比较判断能力需求差距的大小。

此方法可以形式化表示为

$$\Delta E = E_{能力需求} - E_{现有能力} = f_{条件T}(能力需求,现有能力)$$
$$= f_{条件T}(未来需要的资源和手段) - f_{条件T}(现实使用的资源和手段)$$

其中,条件T代表在规定的能力条件,$f_{条件T}$代表在作战想定规定的条件下的作战仿真模型函数。

当ΔE的值较大时代表现有能力与能力需求之间的差距较大;当ΔE的值较小时代表现有能力与能力需求之间的差距较小。

5.3.2.4 时间进度比较法

时间进度比较法,就是通过运用能力阶段图将当前的现有能力或能力标准与能力需求标准在实现时间进度上进行比较,寻找能力差距及确定差距时间范围的过程。

如图5-12所示,假设当前是2004年,即处于当前状态1,现实的一线新闻报导能力的能力标准(完成任务时间)为不超过1天,而目前提出的一线新闻报导能力需求的标准为实时完成任务。通过与能力有关的技术调查分析,初步认为可以用"网上博客"的方式实现实时报导,预期实现时间为2008年,因此,在2004年,一线新闻报导的现有能力与能力需求之间的差距体现在两个方面:一是能力标准,完成任务时间由1天提高到实时;二是时间进度,从2004年到实现能力需求所提出的标准还需要大概4年时间。

图5-12 时间进度比较法示意图

5.4 装备能力需求分析

装备能力需求是能力需求分析的最终目标,目的是获取支持指挥信息系统发展的作战能力目标,并作为评价指挥信息系统发展质量的基本依据。装备能力需求分析以作战能力差距分析为基础,重点在考虑非装备因素改进和完善的情况下,提出通过装备改进、新研等手段而实现的作战能力途径。

5.4.1 作战能力差距解决方法

5.4.1.1 非装备解决方法

非装备能力需求解决途径主要是指通过创新、完善或调整作战军事理论、组织编制、训练水平、指挥关系、教育质量、人员和设施及相关政策等来解决能力需求差距问题。

(1)作战理论创新。理论是行动的先导。作战理论创新,是军队现代化建设和军事变革的重要内容,也是有效解决作战能力差距的重要途径。通过作战理论创新,更新作战理念,优化战法设计与运用,优化物质流、能量流、信息流和智慧流的传输途径和融合方式,能够大大提升军队整体作战能力。自古以来,兵强马壮都不是取得作战胜利的绝对保障,只有通过作战理论创新,准确把握战争发展规律,恰当排兵布势,才能掌握战争的主动权,并最终取得战争的胜利。例如,美军通过对"消耗战"和"歼灭战"进行反思,并结合现代条件下有限战争的特点与规律,提出了"战略瘫痪战"的战法,不仅极大促进了己方作战能力的发挥,而且使敌方部队在心理和精神上形成强烈的负面反应,以此优化了指挥信息系统效能的作用方式,提高了部队的作战能力。

(2) 编制体制优化。以变应变,是现代信息化战争把握战争主动权的有效法宝。僵化的部队编制体制和指挥信息系统编配关系,只能形成有限的部队作战能力,不能满足日益变化的多样化使命任务要求。而通过研究部队战斗力形成的基本规律,有机地调整人员和指挥信息系统的配置模式,通过部队组织机构的创新,促进部队新的作战能力的形成。如20世纪70年代,随着高空侦察技术和远程通信技术的迅猛发展和不断成熟,人们将高空侦察技术、远程通信技术和中远程火力打击能力有机结合起来,提出了"发现即打击"的作战模式,就是通过调整优化高空侦察装备、远程通信装备和中远程火力打击装备的编配关系,形成了一种前所未有的新的作战模式和作战能力,极大地提高了部队原有的作战能力。因此,通过编制体制优化,也可以有效弥补部队的作战能力差距。

(3) 科学组织训练。科学训练是部队战斗力的重要基础,也是有效弥补部队作战能力差距的有效手段。部队训练水平的高低,直接影响着部队作战能力的形成。不熟练的操作技能、不清晰的部队指挥流程和作战运用方式,都将使指挥信息系统及部队的作战能力大打折扣,并最终贻误战机。通过科学组织训练,使部队官兵熟悉各种指挥信息系统的作战使用,牢记战场上各种突发事件的处理方法和程序,加强各军兵种部队之间的协调沟通,才能保证"首战用我,用我必胜",保证部队作战能力的形成。因此,通过科学组织部队训练,有针对性地进行相关科目和战法训练,能够极大提高部队作战能力,有效缩小部队作战能力差距。

(4) 优化指挥方式。作战指挥是战役战斗的灵魂。指挥系统的指挥效率和指挥人员的指挥才能是确保作战指挥效果的关键。在信息化条件下,研究作战指挥要素的构成及其作用机理,精简指挥层级,通畅指挥流程,加快指挥速度,提高指挥效率,将成为优化作战指挥方式的主要研究内容。通过作战指挥方式的调整和优化,能够大大缩短指挥信息传输时间,提高作战指挥效率,为部队抓住有利战机、提高作战效能、实现作战决心提供保证。因此,通过调整与优化作战指挥方式,也可以有效弥补部队作战能力差距。

(5)加强人员教育。军队的作风纪律和精神面貌,也是保证部队战斗力形成的关键要素。组织涣散、纪律松弛、战斗意志薄弱的部队不能经受住长期、持久的作战对抗。因此,加强部队教育,严格部队作风纪律,提高部队战斗意志,是提高部队作战能力的重要手段,可以有效弥补部队作战能力差距。

(6)增加基础设施。丰富的物质条件是人们提高精神状态的有效手段。通过改善部队训练、居住、生活、娱乐等条件,也可以改善部队的生存环境,提高部队官兵的荣誉感和责任感,进而促进部队战斗力的有效形成。因此,通过增加和改善基础设施,可以有效弥补部队作战能力的差距。

非装备能力需求解决方案,是以作战能力差距为目标,通过各种非装备能力需求解决途径的组合分析,提出能够有效弥补作战能力差距的解决方案,其基本思路如图5-13所示。

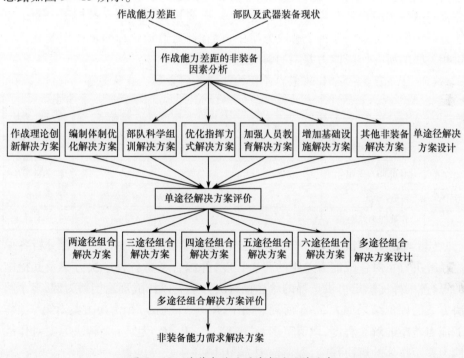

图5-13 非装备能力需求解决方案分析

(1)作战能力差距的非装备因素分析。根据作战能力差距产生的原因,确定各项作战能力差距形成的非装备因素集,构建如表5-4所列的作战能力差距与非装备因素关联矩阵。图中"√"表示第j项非装备因素是形成第i项作战能力差距的因素之一;"×"表示第j项非装备因素不是形成第i项作战能力差距的因素。

表5-4 作战能力差距与非装备因素关联矩阵

		非装备因素						
		作战理论	编制体制	部队训练	作战指挥	人员教育	基础设施	其他
作战能力差距	作战能力差距1	√	×	×	×	√	×	×
	作战能力差距2	×	√	√	√	×	×	√
	……	……	……	……	……	……	……	……
	作战能力差距m	√	×	×	√	×	√	√

（2）单途径解决方案设计。以作战能力差距与非装备因素关联关系为基础，首先针对每项作战能力差距，提出每种相关的非装备因素解决措施，以作战理论创新为例，各项作战能力差距的非装备途径解决措施如表5-5所列；其次，综合归纳各类因素的非装备途径解决方案，形成按非装备因素类型提出的作战能力差距解决方案。在每个解决方案中，将有针对性地提出与该类别非装备因素相关联的所有作战能力差距的解决途径和措施。

表5-5 作战能力差距的非装备因素解决措施矩阵

		作战理论创新			
		措施1	措施2	……	措施n
作战能力差距	作战能力差距1	√	×	……	×
	作战能力差距2	×	√	……	√
	……	……	……	……	……
	作战能力差距m	√	×	……	×

（3）单途径解决方案评价。运用定性与定量相结合的方法，综合分析各单途径解决方案对作战能力差距的解决程度，并综合考虑各种解决方案及其措施的可行性，择优确定可供选择的单途径解决方案。以作战理论创新为例，多个解决方案的评价结果如表5-6所列。图中，I_1、I_2、I_3为第j个解决方案对第i项作战能力差距的解决程度，取值范围为$[0,1]$；P_1、P_2、P_3为第j个解决方案对作战能力差距整体的解决程度，取值范围为$[0,1]$。

（4）多途径组合解决方案设计。综合考虑各种解决途径的组合方式和融合模式，以单途径解决方案为基础，按照两途径组合、三途径组合、四途径组合、五途径组合和六途径组合的思路，探索提出多种途径组合的非装备能力需求解决方案。

（5）多途径组合解决方案评价。以作战能力差距的有效弥补为目标，采用科学的评价方法，评价各种多途径组合方案的优劣。

表5-6 作战能力差距的单途径解决方案评价矩阵

		作战理论创新			
		方案1	方案2	……	方案n
作战能力差距	作战能力差距1	I_1	×	……	×
	作战能力差距2	×	I_1	……	I_3
	……	……	……	……	……
	作战能力差距m	I_2	×	……	×
总体评价		P_1	P_2	……	P_3

通过上述步骤的分析,可以得到作战能力差距的非装备能力需求解决方案及其解决程度,将其作为进行装备需求分析的依据,如表5-7所列。表中,I_1、I_2、I_3为第j个解决方案对第i项作战能力差距的解决程度,取值范围为[0,1];P_1、P_2、P_3为第j个解决方案对作战能力差距整体的解决程度,取值范围为[0,1]。

表5-7 作战能力差距的非装备能力需求解决方案

		非装备能力需求解决方案			
		方案1	方案2	……	方案n
作战能力差距	作战能力差距1	I_1	×	……	×
	作战能力差距2	×	I_1	……	I_3
	……	……	……	……	……
	作战能力差距m	I_2	×	……	×
解决程度评价		P_1	P_2	……	P_3

5.4.1.2 装备解决途径

装备解决途径主要是通过装备的更新换代和战术技术性能指标的提升来实现作战能力差距的缩小直至消除,主要途径包括技术革新、研制生产和国外引进3种基本方式。

(1) 技术革新。指挥信息系统技术革新是指以引进和提高部队现役指挥信息系统操作使用效能、完善装备战术技术性能为目的的装备发展方式,是提高部队作战能力的重要途径之一。20世纪末,美军为了适应信息化战争作战要求,通过技术革新,将M1A2坦克加装了数字化模块,形成M1A2SEP数字化坦克,大大增强了坦克在现代战场的作战能力。

(2) 研制生产。指挥信息系统研制是新装备发展的主要方式,也是提高部队战斗能力、适应军队使命任务的必然要求。老旧装备的退役和新装备的装配部队是推动部队作战能力提高的重要途径和普遍规律。因此,新型指挥信息系统的研制生产也是提高部队作战能力的重要抓手。

(3) 国外引进。根据本国安全形势和军队建设需要,从国外引进性能先进、系统配套的指挥信息系统,既可以节约指挥信息系统的研制生产经费,提高国防经费的使用效益,又可以帮助研制生产能力较弱的国家尽快提高其部队作战能力,也是提高部队作战能力的重要途径。

5.4.2 装备能力需求确定

装备能力需求包括装备能力现状和装备能力差距两部分。装备能力现状是指指挥信息系统当前已经能够提供的作战能力水平;装备能力差距是指与作战能力需求相比指挥信息系统尚不能达到的作战能力需求。装备能力需求确定的重点是以作战能力差距和非装备能力需求解决方案为基础,确定装备能力差距。

1. 装备能力差距

装备能力差距分析,重点是确定存在差距的作战能力指标及其指标要求的差距,分析思路如图 5-14 所示。

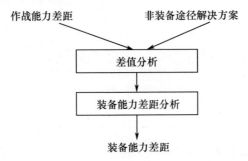

图 5-14 装备能力差据分析

首先,采用差值计算方法,计算作战能力差距与非装备途径解决方案解决程度之间的差距,确定存在装备能力差距的作战能力指标及其差距等级。作战能力的装备能力差距等级,依照作战能力差距与非装备途径解决方案解决程度之间的差距的绝对值初步确定,将其作为确定装备能力差距研究重点的依据。

其次,以非装备途径解决方案为基础,综合考虑非装备途径和装备途径的有机组合,采用仿真实验、解析计算等方法,通过反复计算、实验与优化,科学提出装备能力差距的大小。

2. 装备能力需求

装备能力需求为装备能力现状与装备能力差距的综合。若已知某项指挥信息系统具备 m 种作战能力,其中有 n 种作战能力与作战能力需求存在差距,则第 i 种装备作战能力需求 C_i 可表示为

$$C_i = \begin{cases} C_{io}, & f(c_i) \geq 0 \\ C_{io} + C_{ig}, & f(c_i) < 0 \end{cases}$$

式中：C_{io} 表示第 i 种装备作战能力的现有值；C_{ig} 表示第 i 种装备作战能力差距；c_i 表示第 i 种装备作战能力；$f(c_i)$ 表示第 i 种装备作战能力 c_i 是否具有能力差距，若 $f(c_i) \geq 0$，表明第 i 种装备作战能力 c_i 不存在能力差距；若 $f(c_i) < 0$，表明第 i 种装备作战能力 c_i 存在能力差距。

第6章 指挥信息系统装备需求分析方法

装备需求是指挥信息系统需求论证的结果,可直接用于指导指挥信息系统建设。指挥信息系统装备需求分析实质就是研究并提出满足任务需求和能力需求的指挥信息系统实现途径的过程。指挥信息系统需求分析都是对作战功能域(使命任务)与作战需求域(能力需求)进一步细化从而分析得出装备域结果的环节,目的是根据使命任务分析和能力需求分析提出指挥信息系统需求,重点是得出需要什么样的指挥信息系统,指挥信息系统之间的关系如何。指挥信息系统需求分析是指挥信息系统需求论证链条的中心环节,其结论是形成指挥信息系统需求方案的基础,其地位重要,分析难度较大。

6.1 概述

6.1.1 基本概念

从系统科学的理论分析来看,随着装备体系化发展,整个军队的指挥信息系统是一个大的体系,这个大体系下又包括诸多小体系、装备系统和子系统,总体上讲它是一个复杂巨系统。在需求论证实践中,从体系和系统的角度来对这一复杂巨系统进行区分、认识和研究,是科学开展装备需求论证工作,正确把握装备发展规律的正确方法。目前,运用系统科学思想和原理认识军队作战体系,区分装备需求层次,有两种典型代表性观点:

(1) 按照体系层次和系统层次进行区别和认识。即系统层次是指独立的单个系统建设,体系层次是多个系统通过信息关系(具备一定的作战功能)链接形成的大系统。

(2) 按照复杂系统层次和单个系统层次进行区别和认识。单个系统是指独立的子系统;复杂系统是多个系统的耦合。

本质上讲,上述两种层次区分方法是一致的,但从需求论证实际出发,采用体系层次和系统层次来对装备需求进行区分,更加能够体现装备需求与各级作战体系和作战单元之间的关联性,符合上述由任务映射到能力、能力映射到装备的研究思路。因此,在研究指挥信息系统装备需求时应区分指挥信息系统的体系需求和型号需求两个层次。

(1) 指挥信息系统体系需求。指挥信息系统体系是指为了完成一定的作战任务,由功能上相互支撑、相互作用的多种指挥信息系统有机组成的装备组合,是由各类指挥信息系统型号组成的更高级系统。指挥信息系统体系需求是指指挥信息系统体系为了满足未来一体化联合作战需要必须符合的条件或具备的功能,是指挥信息系统体系组织结构形式的描述。其内涵相应包括以下几个方面:一是为完成一定作战任务或具备一定能力的指挥信息系统体系所需具备的功能;二是描述这些功能、性能或相关约束的条件和规则(装备体系结构);三是构成指挥信息系统体系的型号系统的数量规模。

(2) 指挥信息系统型号需求。指挥信息系统型号需求是单个的指挥信息系统为满足能力需求而应该具备的功能特性和性能指标。它所关注的是系统功能方案,不涉及任何具体的指挥信息系统型号结构设计方案。其内涵相应包括以下几个方面:一是为具备一定能力的单个指挥信息系统所需具备的功能;二是单个装备系统各子系统的结构组成;三是为具备要求功能的单个指挥信息系统作战使用性能指标。

6.1.2 分析内容

指挥信息系统装备需求分析主要包括指挥信息系统体系功能需求、指挥信息系统种类需求、指挥信息系统数量需求和指挥信息系统主要作战性能指标需求4个方面的内容。

(1) 指挥信息系统功能需求。指挥信息系统体系功能不同于组成指挥信息系统体系的各类型号系统的功能,这种功能可能是各类型号系统功能的线性叠加,也可能是由各类型号系统功能在信息网络的支撑下相互作用后形成的新的作战涌现功能。例如,指挥信息系统体系的某项功能与组成该体系的某几类型号系统的某项功能相一致,则指挥信息系统体系的该项功能取组成该体系的这几类型号系统功能的最大值,属于线性叠加。而在由卫星侦察系统、地面远程火力打击系统和指挥控制系统组成的火力打击装备体系中,由高空侦察、信息传输、指挥控制和火力突击等几项功能组合后形成了新的功能——"发现即打击"功能,这就是装备体系整体涌现性的典型体现,其不同于原有装备所具有的作战功能。

(2) 指挥信息系统种类需求。装备体系构成主要是指构成装备体系的装备种类,即由哪几类装备组成装备体系。通常,按照作战功能将指挥信息系统区分为侦察情报、指挥控制、通信网络、电子对抗、导航定位等,并可能根据各类系统的特点进一步细分。

(3) 指挥信息系统数量需求。指挥信息系统数量即构成装备体系的各类型号系统的具体数量,即使种类相同的指挥信息系统体系数量不同,则可能导致其所具有的作战能力不同,进而影响着其所能担负的作战任务,"合抱之木"与"独木"之间的差别就形象地反映了指挥信息系统体系规模大小对指挥信息系统体系能力和任务的影响。

(4) 指挥信息系统主要作战性能指标需求。以使命任务需求和作战能力需求为牵引,依据指挥信息系统功能需求,提出指挥信息系统中各类型号系统的主要作战性能指标需求。

6.1.3 分析流程

指挥信息系统装备需求分析,是指挥信息系统需求论证的关键步骤,是从作战域、能力域需求向装备域需求转化的重要环节,也是提出指挥信息系统需求方案的重要步骤,其分析流程如图 6-1 所示。

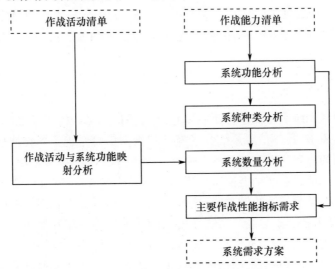

图 6-1 装备体系需求分析基本流程

6.2 功能需求分析

6.2.1 分析方法

1. 总体框架

指挥信息系统体系功能分析,主要根据作战能力与指挥信息系统功能关联字典库,通过构建作战能力与指挥信息系统功能关联矩阵,提出指挥信息系统体系功能的构成,其基本过程如图 6-2 所示。

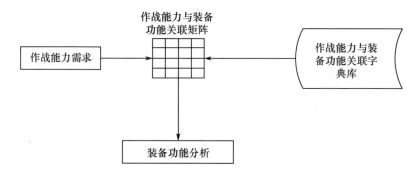

图6-2 指挥信息系统功能需求分析过程

2. 主要方法

（1）作战能力与装备功能关联矩阵构建。采用二维关联矩阵，以指挥信息系统作战能力需求为基础，参考作战能力与装备功能关联字典库，构建作战能力与指挥信息系统功能矩阵。

（2）基于关联矩阵的装备功能分析。综合采用经验分析和案例推理等方法，以指挥信息系统作战能力需求为基础，参考作战能力与装备功能关联字典库，提出指挥信息系统的功能组成方案。

6.2.2 分析举例

以某城市分区歼敌作战的作战能力需求和相关经验，可提出如表6-1所列的该城市分区歼敌作战装备体系功能需求示例。

表6-1 某城市分区歼敌作战装备体系功能构成示例

序号	体系功能		主要指标	
	名称	描述	名称	描述
1	空中侦察	利用无人侦察机从空中对地面、建筑物上部、非通视区域进行持续监视，并发现敌方目标及有生力量布局的功能	侦察高度	无人侦察机飞行的有效高度
			侦察半径	无人侦察机飞行的有效半径，是决定无人机侦察范围的重要依据
			飞行速度	无人侦察机的平均飞行速度
			侦察精度	无人侦察机照相拍摄影像中目标能够被有效发现的概率
			传输速率	无人侦察机视频图片信息的有效传输时间，能够体现情报信息的时效性

(续)

序号	体系功能		主要指标	
	名称	描述	名称	描述
2	地面侦察	利用简易侦察器材(如望远镜、瞄准镜等)对作战区域地面和空中目标进行搜索发现的功能	控制方式	空中无人侦察机飞行的方式,通常采用遥控飞行方式
			续航时间	无人侦察机起飞后能够飞行的最大时间
			有效侦察距离	作战人员凭借目视或简易器材所能搜索发现目标的最大有效距离
			侦察精度	作战人员凭借目视或简易器材所能搜索发现目标的概率
3	室内侦察	利用地面无人侦察车辆对密闭室内空间或地下管网通廊进行搜索发现的功能	侦察范围	地面无人侦察车照相设备能够覆盖的最大的范围,通常与照相设备的广角大小和照相设备的旋转角度有关
			控制方式	地面无人侦察车运动和侦察的方式,通常采用遥控方式
			机动速度	地面无人侦察车的机动速度
			扫描速率	地面无人侦察车静止时完成一次最大侦察范围所花费的时间
			续航时间	地面无人侦察车投入任务后所能持续工作的最长时间
			噪声等级	地面无人侦察车在运行过程中产生的噪声大小
4	情报综合	快速融合各种侦察手段获取的侦察情报,形成关于敌方目标和火力的总体情况	综合效率	对多种侦察手段获取的情报信息进行综合所需要的时间
			综合准确度	对多种侦察手段获取的情报信息进行综合的准确度
……	……	……	……	……

6.3 种类需求分析

6.3.1 分析方法

由于装备分类体系具有一定时期内的不变性,因此,装备种类的分析,通常应依据装备功能与装备种类的对应关系,采用经验分析方法确定。

6.3.2 分析举例

以某城市分区歼敌作战指挥信息系统功能需求为依据,参考当前装备种类的区分情况,可提出该城市分区歼敌作战指挥信息系统的种类组成,如表6-2所列。

表6-2 某城市分区歼敌作战指挥信息系统种类组成

序	装备功能	可能对应的装备种类
1	空中侦察	
2	地面侦察	侦察情报装备,主要是指无人侦察机、无人地面侦察车辆和简易的侦察器材
3	室内侦察	
4	情报综合	侦察情报装备,主要是指便携式情报处理装备,实现对无人侦察机、无人地面侦察车侦察信息的综合处理

6.4 数量需求分析

6.4.1 作战活动—体系功能关联分析

作战体系与系统体系是战争系统中始终存在的两类相互关联、相互支撑的系统。作战体系主要描述作战节点、角色和作战活动3个要素;而系统体系主要描述系统节点、系统和功能3个要素;系统体系是构成作战体系的物质基础,但也有自身独立的运行机理。作战体系与系统体系的关系如图6-3所示,即作战节点与系统节点对应,作战活动与系统功能对应,角色与系统对应。因此,装备体系中装备种类的确定,可以通过构建作战活动—体系功能关联矩阵确定。

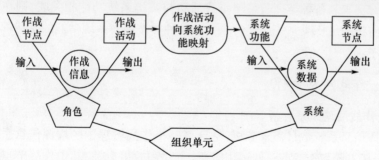

图6-3 作战体系与系统体系的要素关系

以某城市分区歼敌作战指挥信息系统论证为例,可建立如表6-3所列的作战活动—体系功能关联矩阵。

表6-3 作战活动—体系功能关联矩阵(部分)

		体系功能							
		空中侦察	地面侦察	室内侦察	情报综合	快速突击	地面火力突击	精确火力狙击	支援火力打击
作战活动	上级申领				便携式情报处理装备				
	实地勘察								
	网上收集								
	影像分析								
	情报整编								
	路线规划	无人侦察机							
	无人机起飞								
	遥控飞行								
	照相拍摄								
	图像收集								
	目标分析								
	可见光侦察					步兵及其简易侦察器材			
	…	…	…	…	…	…	…	…	…

由表6-3可知,作战活动与体系功能之间是典型的多对多关系,任意作战活动都可能需要有多项系统功能支持。一旦由作战活动确定了指挥信息系统的功能,则可以按照现有指挥信息系统种类的"功能划分"原则,确定组成指挥信息系统的基本装备种类。若某项作战活动与某类系统功能相关联,则在相应的单元格内将满足该类系统功能的主要装备种类按照对系统功能的支持程度高低依次排序。

6.4.2 作战活动分析

1. 作战活动关系分析

指挥信息系统数量需求分析,是计算整个作战过程中的指挥信息系统的总体数量,其主要与作战节点的运用时机、方式和效果有关,其中作战节点主要由指挥信息系统的相关系统组成。从运用时机来看,作战活动关系包括顺序执行的串行关系、同时执行的并行关系、具有反馈结构的反馈关系3类;从运用方式来看,作战活动关系包括作战活动相互支持的协同关系、作战活动单独执行的独立关系两类;从运用效果来看,作战活动关系包括总体作战效果为多个活动效果总和的叠加关系、作战效果为单一活动效果的非叠加关系两类。

2. 作战活动描述

作战活动描述采用横向嵌套甘特图表示。由于作战活动的层次性,同一层次之间的作战活动存在一定的相互关系,而相邻层次的作战活动之间仅存在父子关系,不相邻层次的作战活动之间不存在直接关系。因此,利用横向嵌套甘特图时,可按照作战活动的层次,分层描述各层次的作战活动。具体步骤如下:

(1)将当前层作战活动的作战节点作为甘特图的任务名称,将完成作战任务的整个作战过程中的作战活动按作战节点进行分类;

(2)按照作战活动的起止时间,分别画出每个作战节点的所有作战活动,相邻的作战活动之间用箭头线依次连接;

(3)当作战任务完成过程中作战节点发生变化时,应标示出新生作战节点与原有作战节点的关系,如某新生作战节点是由两个原有作战节点组合而成,或者某原有作战节点分解为两个或多个新生作战节点;

(4)若某个作战节点的某个作战活动也可以分解为若干个作战节点的若干项作战活动,则按照(1)~(3)的方法绘制相应的作战活动描述图,直到所有的原子级作战活动描述完毕为止。

假定已知有 7 项作战活动,涉及 5 个作战节点,对应的作战活动描述如图 6-4 所示。图中用矩形表示作战活动,矩形上方文字表示作战活动的开始时间,矩形下方文字表示作战活动的结束时间,箭头表示作战活动的邻接关系。其中,作战节点 1 执行两项作战活动,起止时间分别为 7:05min、7:15min 和 7:25min、7:46min;作战节点 4 在 7:40min 以后分解为作战节点 3 和作战节点 5,作战节点 3 和作战节点 1 在 8:25min 后合并为作战节点 2。

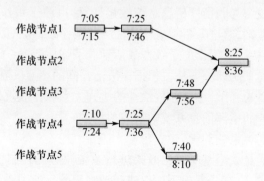

图 6-4 作战活动描述示意图

6.4.3 数量需求计算

1. 原子级作战活动的装备数量计算

原子级作战活动一般为单一兵种的信息作战战术分队,或者合成度比较低的信息作战分队,所编配的指挥信息系统通常以某类系统为主。虽然原子级作战活动的指挥信息系统种类比较单一,但是原子级作战活动的作战功能要素并不一定显著减少。因此,原子级作战活动的指挥信息系统数量计算应确保指挥信息系统种类齐全、指挥信息系统能力覆盖和指挥信息系统数量不冗余。原子级作战活动的指挥信息系统数量计算步骤如下:

(1) 根据作战活动完成要求,区分作战活动所需要的作战活动类别。

(2) 根据作战功能确定完成作战活动所需要的指挥信息系统种类。

(3) 根据备选装备种类的战术技术性能水平,分析确定不同类装备的作战效果影响系数 μ,μ 通常是指信息类装备和保障类装备对主战装备作战效果的影响程度。以炮兵分队遂行火力突击任务为例,加载一体化炮兵指挥信息系统模块的炮兵分队的作战效能,将比未加载相应模块的炮兵分队作战效能有显著提高,假定根据现有文献资料和实验数据,可得到作战效能提高系数为 1.2,则 $\mu = 1.2$。

(4) 根据装备战术技术性能指标、装备数量与装备作战效果之间的关系,构建作战活动完成效果函数 $E = f(W_i, Num_i, r_i)$。其中:E 表示作战活动的预期完成效果(如炮兵分队在一定压制等级下的压制面积、机动平台的机动距离、突击分队的毁歼概率等);W_i 表示第 i 种装备中与预期完成效果相关的战术技术性能指标;Num_i 为第 i 种装备的数量;r_i 为完成该作战活动预期效果时第 i 种装备的预留比例。

2. 系统数量需求计算

面向特定作战任务的指挥信息系统数量计算,以原子级作战活动指挥信息系统数量需求为基础,通过分析组成作战任务的子作战活动、原子级作战活动及两者之间的相互关系,采用由原子级作战活动向子作战活动、子作战活动向作战任务聚合的自底向上的计算方法。根据作战活动间的相互关系,以串行关系、并行关系和反馈关系为基础,考虑作战活动的协同关系和作战效果的叠加关系,可进行面向特定任务的指挥信息系统数量需求计算。

(1) 作战活动关系的约简。

由于反馈关系是典型基于输出效果进行系统调整的控制关系,分析作战活动的组成与关系时,应充分考虑不同作战活动之间的反馈关系,本书认为反馈关系已经隐含在基于预期效果的作战活动集中,在指挥信息系统数量需求聚合计算时不作考虑,而仅将串行关系和并行关系作为进行特定作战任务指挥信息系统数量需求聚合计算的主要依据。同时,作战效果的叠加、作战活动的协同对作战活动的分解有较大的制约作用,故增加了指挥信息系统数量需求计算的复杂度。为简化计算方法,需要对存在作战活动协同和作战效果叠加的作战活动进行简化处理,处理方法如下:

① 根据作战效果的叠加关系,合理确定单一作战活动的作战效果目标,将存在作战效果叠加的作战活动分解为等价的不存在叠加关系的作战活动。对于不存在叠加关系的作战活动,不做处理;对于存在叠加关系的作战活动,需根据不同作战活动对作战活动总效果的影响情况适当确定,此时总体作战效果 E_i、单一活动作战效果 E_{i1} 与 E_{i2} 之间存在如下关系: $E_i = E_{i1} \cup E_{i2}$ 且 $E_{i1} \cap E_{i2} \neq \phi$。

② 根据作战活动的协同关系,合理确定作战活动之间的协同系数 β。根据任务总体目标的不同,通常可以将作战活动区分为主要活动和次要活动,主要活动是指为达成任务目标(活动目标)的主要作战活动,次要活动是指协助完成主要活动目标的作战活动。作战活动的协同系数,是指次要活动的协同对主要活动达成目标的影响情况。对于不存在协同关系的作战活动,则协同系数 $\beta = 1$。

(2) 多项作战活动指挥信息系统数量需求聚合计算方法。

经过对作战活动的协同关系和作战效果的叠加关系的处理,作战活动之间的关系进一步简化为串行关系和并行关系。因此,多项作战活动指挥信息系统数量需求聚合计算,可分别以串行关系和并行关系为基础进行分析。

① 并行相加法。对存在并行关系的作战活动,采用相互叠加的方法获得指挥信息系统数量总和。假定有作战活动 G_1 和 G_2,其存在并行关系;共涉及指挥信息系统种类 M 种,作战活动 G_1 中第 $j(j=0,1,\cdots,M-1)$ 种指挥信息系统的数量为 Num_{1j},作战活动 G_2 中第 $j(j=0,1,\cdots,M-1)$ 种指挥信息系统的数量为 Num_{2j};作战活动 G_1 对作战活动 G_2 的协同系数为 β,则由作战活动 G_1 和 G_2 聚合后得到的指挥信息系统总数量中第 j 种指挥信息系统的数量可表示为 $Num_j = (Num_{1j} + Num_{2j})/\beta$。由作战活动 G_1 和 G_2 聚合后得到所有指挥信息系统种类与数量可表示为 $Num = \{Num_0, Num_1, \cdots, Num_{M-1}\}$。

② 串行取大法。对在时序上具有串行关系的作战活动,采用集成的方法获得指挥信息系统数量需求。按照前后指挥信息系统数量需求相比较取大的原则,获取两阶段指挥信息系统数量需求的最大值,作为综合的数量需求结果。设已知作战活动 G_1 和 G_2 在时序上存在串行关系,对应的指挥信息系统数量需求分别为 Num_1 和 Num_2,则作战活动 G_1 和 G_2 所需要的指挥信息系统数量 $Num = \max(Num_1, Num_2)$。

6.5 主要作战性能指标需求分析

6.5.1 分析方法

在对主要作战性能指标进行分析时应首先建立量化尺度。而所选取的测度参数则完全取决于所指挥信息系统的性能属性。选择判断指挥信息系统性能属性应根据指挥信息系统在实际使用中所处的环境、条件和担负的任务等确定哪些是重要属性,哪些是一般属性。比如,担任网络通信任务的功能系统其传输、组网和防护性能是重要的,遂行情报侦察任务的功能系统,其探测、发现、识别等性能是重要的。

性能属性一般可划分为作战性能、使用性能、适应性能和技术性能。作战性能包括火力性能、机动性能、防护性能等;使用性能包括作业性能、耐久性能、操作性能、灵活性能等;适应性能包括温度适应性、地形适应性、时间适应性等;技术性能包括测试性、可靠性、维修性和保障性等。对于不同的任务、不同的使用方式与环境,不同的武器装备,同样一种性能的含义和重要性也不同,所以应根据实际使用需要分析确定不同系统的性能参数及属性。只有正确地选择性能属性,才能在论证中摆正各项性能的位置,提出合理的性能要求。

表 6-4 表示了美国国防部的许多项目中具有共性的一组参数。表中有数量、质量、作用范围、适时性、有效性 5 类基本参数作为系统的特征。这些基本特征是通过任务分析来确定的,并由功能分析对它加以扩展,从而提供一整套系统战术技术要求。

表 6-4 美国国防部的许多项目中具有共性的参数

性能参数属性	通信卫星	快速运输系统	导弹	坦克
数量	信道数、容量	旅客数	达到给定的杀伤概率所需数量	携带的炮弹数、枪炮和传感器数
质量	噪声或误码率	舒适性	精度(CEP)(m)	射击精度(m) 杀伤力(m) 发现距离(m)
作用范围	地球的覆盖面积(km^2)	地理的服务面积(km^2)	射程(km)	射程(km)

(续)

性能参数 属性 系统	通信卫星	快速运输系统	导弹	坦克
适时性	需要时信道可用性(s)	两个主要城市之间的穿行时间(min)	下达命令时的发射反应时间(s)	速度(km/h)
有效性	国际通信中心规定99.99%	两列火车之间的时间(min)	发射准备($P \geq 0.X$)	战斗准备($P \geq 0.X$)

指标参数的确定主要有两种方法:当对提出的功能系统尚不清楚其系统结构时,就要以功能任务为主要依据,通过任务—性能判断矩阵,判断选择能够表征、影响功能任务完成标准的性能参数;当对提出的功能系统能够明确或分析确定系统的要素和结构时,就可以采用系统结构分析法,分析提出功能系统的战术技术性能参数。

1. 任务—性能矩阵判断法

在这里,功能任务—系统性能判断矩阵能够将系统功能任务转化为系统的战术技术性能及要求,如表6-5所列。其中,矩阵左一列是功能系统及所包括的功能任务,矩阵顶一行是在实际研究工作中总结得到的常用的或通用的性能指标库,包括各种装备或功能系统的数量、质量、作用范围、及时性、可用性、保障性、维修性等各类战术技术性能指标。

表6-5 功能任务-系统性能判断矩阵

性能指标值 系统及系统功能任务	性能指标库	性能指标1	性能指标2	性能指标3	性能指标4	…	性能指标$n-1$	性能指标n	任务预期效果	任务重要度
功能系统1	功能任务1					…				
	功能任务2					…				
	功能任务3					…				
	功能任务4					…				
功能系统2	功能任务5					…				
	功能任务6					…				
…	…					…				
功能系统m	功能任务$p-1$					…				
	功能任务p					…				

判断方法是:需求分析人员判断功能任务与战技性能指标之间的相关性,并依据功能任务的预期效果和功能任务重要度,通过分析、判断和选择能够表征和影响功能系统完成功能任务标准的性能指标参数,如有可能可进一步提出性能指标的参考值。

2. 系统结构分析法

系统结构分析法主要包括功能系统结构分析、功能系统性能分析和指标分析,如图 6-5 所示。

(1) 功能系统结构分析。

根据系统结构分析的目标,可以组织由一个有关人员参加的研究小组,对功能系统的组成要素进行分析,确定系统的要素。系统要素关系特性分析主要指集合性分析、相关性分析和层次性分析,建立要素集、要素相互关系集和层次关系集。根据已经选择的系统要素及已经明确的要素间两两关系,用图形模型表示出功能系统要素的层次性、集合性、关联性等特性,为论证人员了解系统和做出决策提供方便。

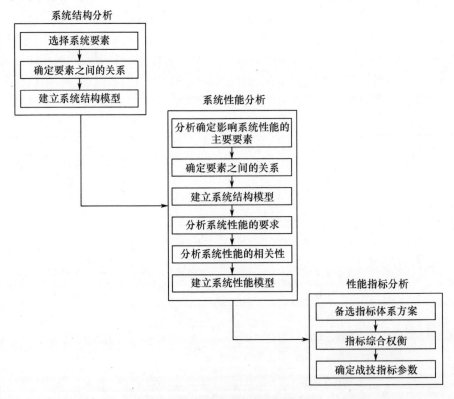

图 6-5 系统结构分析的流程图

（2）功能系统性能分析。

确定主要要素是分析确定哪些性能的影响因素是可以控制的变量,哪些影响因素是不可控制的变量;哪些变量是带决定性的,哪些变量是可以忽略不计的;哪些性能及影响因素可以用数学方法定量地描述,哪些只能定性地分析等,以便全面研究功能系统内与分析有关的性能参数的变量。分析功能系统的主要性能要求是分析哪些性能及参数对达到目标是必需的,哪些性能及参数对达到目标是次要或无关紧要的。分析系统性能的相关性是为了不单纯地追求某一项性能达到最优、寻找一种最优性能组合而确定所分析的系统各性能项目之间的相关程度,以便在研制过程中有重点、有目的地确定要求,制定方案,合理地利用和分配资源,达到整个系统的最优。建立系统性能评价的数学模型是通过一种变化,包括使一些定性的要求通过专家评分法等手段加以量化,使不同量纲的性能具有可比性,使不同的性能要求成为统一类型。

（3）指标分析。

系统性能分析只是确定表述系统性能的各项性能参数及参数体系,而不解决性能指标的定量要求问题。指标体系分析则主要解决系统应该达到的技术水平、技术要求和研制的可能性问题。系统性能分析和指标体系分析在功能系统的预研和论证过程中是不断细化和修正的。

建立性能体系结构应当从系统性能分析的总体需要出发,分层次地分析确定系统性能的递阶层次结构。最高层次是总体性能要求,它可视为系统的目标函数;第二层次是反映系统总体性能的各主要性能;第三层次为系统各主要性能项目组成。该层次可根据具体装备系统选择确定。同时,为解决性能指标的适应性问题和不同指标间的重复与矛盾问题,并使总体性能达到最优且合理地分配各组成系统和功能单元的技术难度和工作量,要对性能指标进行综合权衡。最后,从作战的需要与技术上的可行性之间做出恰当地权衡,通过权衡寻求优化的指标参数。

6.5.2 指标取值分析

确定了功能系统、系统的功能任务、功能系统的战术技术指标参数之后,进而建立了系统任务剖面和系统的任务模型。在这种已知条件下,就可以初步确定系统的战术技术指标值。战术技术指标值的初步确定通常可分为以下步骤:

第一步:明确所确定的指标的定义和内容。

第二步:分析指标的影响因素。影响指标的因素主要有功能任务的使命性质(如作战任务、保障任务等)、任务条件、技术水平、研制周期和费用等。

第三步：收集和对比国内外同类或相似系统的战技性能数据。

第四步：采用类化分析等方法，初步确定指标值，为下一步需求研究提供参考。这些方法主要有：

（1）类比分析法。类比分析法是以与研究的功能系统类似的军用系统或民用系统的性能指标值为依据，根据功能系统的实际运用要求和使用环境要求，采用"德尔菲"法、层次分析法、灰色评估法、模糊评估法和定性推理法等方法对其参考系统的性能指标值进行比较、分析和调整，最终形成适用于自身特点的性能指标值。

（2）统计试验法。采用统计试验法确定战术技术指标值主要包括指标的估计和检验两部分。指标的估计主要包括指标的极大似然估计、矩估计、置信区间估计。检验主要是根据任务和环境要求对指标参数进行假设检验，通过检验，对战术技术指标是否满足要求进行决策。

（3）综合权衡法。权衡法是根据功能任务特点和作战环境要求，在确定的作战性能、使用性能、适应性能和技术性能指标之间进行权衡匹配，以实现功能系统的综合性能最优。比如，确定某功能系统的技术性能指标值，就要在其可靠性、维修性和可用性之间进行综合权衡，通过可靠性与维修性的提高或降低，达到规定的可用性。当然，取值的范围必须要考虑技术水平、研制周期和研制费用等各种实际约束。

（4）效能反推法。由于功能系统的系统效能与其"战技"指标关系密切，两者之间存在一定的映射关系，因此对功能系统进行系统效能分析是一条确定"战技"指标的有效途径，具体方法如下：

根据功能系统的系统功能需求、系统功能任务和预期要达到的功能效果或效能 E，确定系统效能 E 达到的量度范围为 $e_1 \leq E \leq e_2$，设需确定的某"战技"指标为 I_j，通过建立评价功能系统效能模型，得到功能系统的效能 E 与"战技"指标 I_j 有如下映射关系：

$$E = f(I_j; U)$$

式中，U 为除 I_j 外其他影响该功能系统效能的因素集合；f 为当 U 确定时 I_j 与 E 的映射。

据此可获得反映射关系：

$$I_j = f^{-1}(E, U)$$

需要说明的是映射 f 通常为异常复杂的非线性函数，无法列出显性函数关系，因此 f^{-1} 也难以直接获得。在实际论证中，一般可通过计算机模拟或迭代的计算方法进行反演，获得"战技"指标 I_j 相对于 (e_1, e_2) 的值域范围，且当 E 相对 I_j 为递增函数时，有

$$f^{-1}(e_1,U) \leq I_j \leq f^{-1}(e_2,U)$$

当 E 相对 I_j 为递减函数时,有

$$f^{-1}(e_1,U) \geq I_j \geq f^{-1}(e_2,U)$$

(5)作战实验法。基于系统作战实验的装备能力需求战技指标确定方法与基于作战实验的作战能力需求指标确定方法思想基本是一致的,也包括模拟分析法、演示实验法、发现实验法、假设检验实验法、实兵演习法、非实兵推演法。不同的是,基于系统作战实验的装备能力需求的指标值确定方法其研究对象是武器装备功能系统,其实验模型也是以装备系统所完成的功能任务为对象编写的,实验环境主要是以功能系统的作战环境为重点。而基于作战实验的作战能力需求指标值确定方法是以作战部队为研究对象,其实验模型是以作战部队完成的作战任务为对象编写的,实验环境主要以作战部队所处的作战环境为重点。

6.5.3 分析示例

以"空中侦察"功能的各项指标为例,该项功能与"情报侦察能力"大类下的"城市环境感知能力""目标发现能力""持续工作能力"3项作战能力相关,则可以在"空中侦察"功能指标与相对应的作战能力指标之间建立关联关系,如表6-6所列。

表6-6 装备功能指标与作战能力指标关联矩阵

		"空中侦察"功能指标						
		侦察高度	侦察半径	飞行速度	侦察精度	传输速率	控制方式	续航时间
城市环境感知能力	感知范围	√	√					
	感知方式				√			
	感知精度				√			
	更新速度					√		
	感知效率			√				
目标发现能力	目标发现概率				√			
	目标识别概率				√			
	目标发现效率				√			
	目标识别效率				√			
	目标跟踪时间			√				

(续)

		"空中侦察"功能指标					
		侦察高度	侦察半径	飞行速度	侦察精度	传输速率	控制方式	续航时间
持续工作能力	无人机单次飞行的有效飞行时间							√
	无人机电源的备份数量							√
	无人机携行的弹药数量							
	无人机运行的弹药数量							
	无人车单次运行的最长时间							√
	无人车电源的备份数量							√
	无人车携行的弹药数量							
	无人车运行的弹药数量							

备注:"√"表示装备功能指标与作战能力指标相关联

由装备功能指标与作战能力指标关联矩阵可知,"空中侦察"功能的"侦察半径"指标应根据"城市环境感知能力"的"感知范围"指标确定取值范围,如表 6-7 所列。由于"感知范围"的表示方式为"长×宽",因此,"侦察半径"的取值可定义为由"侦察范围"所确定的长方形的对角线的长度。

表 6-7 装备功能指标与作战能力指标取值示例

			空中侦察		
			侦察半径		
			理想取值/m	基本值/m	最低值/m
城市环境感知能力	感知范围	理想取值/(m×m)	300×250	390.5		
		基本值/(m×m)	250×200		320.1	
		最低值/(m×m)	160×150			219.3

第7章 指挥信息系统需求评估方法

指挥信息系统需求评估是以指挥信息系统需求目标为依据,结合指挥信息系统的结构特点和作战运用规律,采用科学的评估方法与手段,实现对指挥信息系统需求方案优劣的评价。本章从两个视角(静态、动态)、3个维度(作战能力、系统结构、作战效能)重点介绍几种典型的指挥信息系统需求评估方法。

7.1 概述

指挥信息系统需求评估是对指挥信息系统需求方案的全面评价,是指挥信息系统需求论证中的重要环节,其目的是科学评价指挥信息系统需求方案并为优选决策提供依据。不同于一般的评估问题,指挥信息系统需求评估核心是对指挥信息系统需求方案能否满足需求的评估,符合需求的程度越高,则需求方案的可接受程度也越高。

根据指挥信息系统需求论证的特征,指挥信息系统需求评估时应着重考虑以下3个方面的内容:

(1) 满足使命任务要求。使命任务需求是牵引指挥信息系统发展建设的根本依据,没有明确的使命任务需求,研制生产的指挥信息系统就难以在武器装备体系中占有一席之地,从而造成装备发展建设的巨大浪费。指挥信息系统需求方案的可接受程度,首先应该考虑指挥信息系统需求方案能够满足不同作战样式下指挥信息系统的作战运用要求,并以指挥信息系统的作战运用要求为牵引,进一步优化指挥信息系统需求方案,从而为优选指挥信息系统需求方案提供依据。

(2) 具有较高的作战效能。作战运用实践是检验指挥信息系统优劣的唯一标准。通常,人们用作战效能表征作战运用实践水平的高低,作战效能高标志着指挥信息系统的作战运用实践优异;作战效能低标志着指挥信息系统的作战运用实践劣。不管采用哪种手段研究指挥信息系统的作战运用实践,其作战运用过程都表现出显著的目的性、动态性和整体性特征,能够比较全面地反映指挥信息系统的战术技术水平和作战运用效果。因此,通过指挥信息系统作战运用过程的深入分析,研究指挥信息系统在不同作战环境中的运用效果,不失为指挥信息系统需求评估的有效方法。同时,通过不同使命任务条件下的指挥信息系统作战运用过程分析,也能够更加准确地反映指挥信息系统需求满足使命任务的程度。

(3) 体系结构可靠灵活。指挥信息系统是现代武器装备体系的神经中枢和大脑,是决定武器装备体系对抗成败的关键。任意信息链路的终端或信息的失真都可能引起作战指挥的谬误,这就要求指挥信息系统必须要具备较高的功能冗余度和可靠性,保证指挥信息系统在外界环境改变或遭受局部损失时能够正常工作,发挥指挥信息系统的催化剂作用。同时,由于作战过程的复杂性和不确定性,作战力量编组的调整优化和信息关系的动态重组,都要求指挥信息系统具有较高的灵活性,能够满足不同作战样式下的指挥信息系统组网要求,从而及时、准确地为部队指挥控制提供信息支持。因此,指挥信息系统需求评估,应突出对指挥信息系统整体结构可靠性和灵活性的评估。

7.2 面向任务的指挥信息系统作战能力需求满足度评估方法

7.2.1 引言

作战能力通常被认为是指挥信息系统的固有属性,它由指挥信息系统的装备类型、数量与战术技术性能指标决定,多采用静态评估方法给出指挥信息系统作战能力的相对水平,如综合指数、解析计算、定性评估等方法。但是,由于未来军事威胁的不确定性、模糊性和作战能力目标的抽象性,通过分析固有的静态作战能力,难以反映指挥信息系统的演化特性和能力目标,分析结果难以回答指挥信息系统是否能够完成使命任务的问题,缺乏作战能力评估的针对性和有效性。因此,面向指挥信息系统担负的使命任务,评估指挥信息系统固有作战能力满足不同使命任务中作战能力需求的水平,才能够比较满意地回答指挥信息系统能否完成使命任务的问题。

面向任务的指挥信息系统作战能力需求满足度评估方法,以指挥信息系统的多样化使命任务为牵引,通过使命任务的逐层分解及其与作战能力的关联映射,提出指挥信息系统完成多样化使命任务的作战能力需求;同时,以战术技术性能指标为基础,综合分析指挥信息系统的固有能力满足其使命任务能力需求的程度,作为评价指挥信息系统作战能力水平高低的基本依据,反映指挥信息系统建设与运用的根本要求。

7.2.2 研究框架

面向任务的指挥信息系统作战能力需求满足度评估方法,是以指挥信息系统建设的使命任务为依据,通过使命任务的分解提出作战能力需求,进而分析指挥信息系统固有作战能力满足其使命任务作战能力需求的程度,突出了指挥信息系统的编组配置和作战运用对作战能力的影响,增强了指挥信息系统作战能力分析的针对性。其分析框架如图7-1所示。

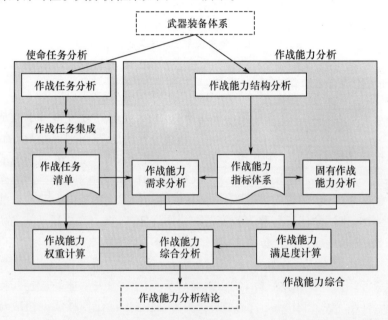

图7-1 面向任务的指挥信息系统作战能力需求满足度评估框架

7.2.3 使命任务分析

完成多样化使命任务是指挥信息系统的基本要求。因作战环境、作战样式和作战思想的不同,完成不同使命任务的作战活动差别较大,所要求的指挥信息系统功能和战术技术指标要求也不同。为增强指挥信息系统使命任务分析的针对性,应重点围绕指挥信息系统的核心使命任务,进行作战活动及其完成指标的分析,并通过作战活动及其指标的集成分析,提出指挥信息系统的使命任务清单。

指挥信息系统的多样化使命任务,要求进行多种作战背景下的作战任务分析,以分别研究不同作战使命的任务需求,其基本框架如图7-2所示。而且,不同作战背景的作战任务分析越充分,指挥信息系统的使命任务需求就越准确。

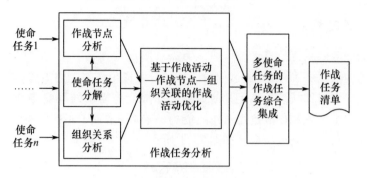

图7-2 使命任务分析基本框架

7.2.3.1 作战任务分析

就某种使命任务背景下的指挥信息系统而言,作战任务分析可采用基于活动的分解方法。根据使命任务总体描述,构想指挥信息系统的作战对抗场景,研究指挥信息系统的作战运用方式,分析不同作战阶段的典型作战活动组成及其相互关系,并根据不同阶段作战活动的目标提出作战活动的完成指标。作战任务分析包括4个步骤:首先,按照指挥信息系统的作战功能、作用机理、作战空间和技术体制,将使命任务分解为粒度较细的作战任务,提出作战活动间的协同规则和完成指标,形成作战任务需求;其次,明确不同作战活动的实施主体,以指挥信息装备组成为主构建作战节点集合;然后,分析不同作战节点遂行不同作战活动时扮演的角色和承担的任务,建立其作战节点的组织关系体系;最后,构建作战活动—作战节点—组织关系三元关联矩阵,进一步优化作战活动组成及其完成指标。

作战任务分析时,要兼顾作战运用规律和作战能力分析要求,遵循以下两项基本原则:①作战节点的粒度到指挥信息装备单元,作战活动的分解粒度与作战节点的粒度一致。因为指挥信息装备单元的作战活动功能比较单一,完成作战活动的指标要求接近于指挥信息装备的战术技术性能指标,便于由作战活动要求提出作战能力需求。②以作战活动为核心,自顶向下逐层分解。按作战任务规模或复杂程度,自顶向下将作战任务分解为一系列功能单一的作战活动。

7.2.3.2 作战任务集成

不同使命任务背景下的作战任务需求不同,表现为作战任务需求的内容、指标及条件的不同。作战活动的层次性与关联性,是作战活动集成的基础。通常,上层作战活动可分解为多个下层作战活动;下层作战活动能够同时支撑多个上层作战活动,作战活动之间呈现出多对多关系。而且,这种多对多关系广泛存在于不同使命任务背景的作战任务需求中。为了全面描述指挥信息系统的使命任务需求,需要对不同使命任务背景的作战任务需求进行集成分析,消除使命任务需求之间的重复和冗余,形成相对统一、系统全面的指挥信息系统作战任务清单,牵引指挥信息系统作战能力的分析。

作战活动集成可采用模糊聚类分析方法。依据作战活动的特征及其相似程度,利用模糊数学的方法定量表示作战任务间的相似关系,从而建立不同作战活动之间的模糊相似关系矩阵,并按照给定的聚类水平对作战任务进行分类与集成。

7.2.4 作战能力分析

作战能力是对指挥信息系统完成预期任务程度的描述,主要包括作战能力结构分析、固有作战能力分析与作战能力需求分析等内容。

7.2.4.1 作战能力结构分析

指挥信息系统的作战能力结构应能够反映指挥信息系统的层次性特征,如图7-3所示。单元层作战能力由武器装备单元的功能及其战术技术性能指标确定;平台级作战能力由组成平台的各武器装备单元的作战能力聚合形成;以此类推,指挥信息系统的作战能力由组成体系的武器装备系统的作战能力聚合形成。通常,由于指挥信息系统的涌现性特征,上层作战能力大于或等于下层作战能力之和。

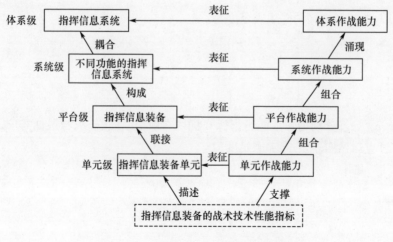

图7-3 指挥信息系统作战能力结构

7.2.4.2 固有作战能力分析

指挥信息系统的固有作战能力与体系组成装备的类型、数量、战术技术水平和耦合(或组合)方式密切相关,不同类型、不同数量或不同耦合(或组合)方式的指挥信息系统表现出不同的作战能力水平。其中,体系组成装备的耦合(或组合)方式从质的角度决定了指挥信息系统作战能力的形成机理,是指挥信息系统作战能力聚合算法设计的基本依据;体系组成装备的类型、数量与战术技术指标从量的角度决定了指挥信息系统作战能力的大小。

这里,固有作战能力分析主要分析武器装备单元的固有作战能力,它由武器装备单元的战术技术性能指标决定。

7.2.4.3 作战能力需求分析

作战能力需求分析,是以使命任务需求为依据,提出指挥信息系统完成使命任务的能力要求,其作为衡量指挥信息系统现有作战能力高低的基本标准,采用5.2.4.3节的取值方法。

7.2.5 面向使命任务的作战能力综合分析

7.2.5.1 底层作战能力需求满足度计算

底层作战能力需求满足度表示为固有作战能力与作战能力需求之间的效用函数,取值范围为$[0,1]$。根据底层作战能力的特征,可按照效益型、成本型和适度型3类指标分别计算。

(1)效益型指标的需求满足度为

$$s = \begin{cases} 0, & c \leq c_{\min} \\ (c - c_{\min})/(c_{\max} - c_{\min}), & c_{\min} < c < c_{\max} \\ 1, & c \geq c_{\max} \end{cases} \quad (7-1)$$

式中:c、$c_{\max}$、$c_{\min}$分别为作战能力指标C的固有取值、理想需求与最低需求。

(2)成本型指标的需求满足度为

$$s = \begin{cases} 0, & c \geq c_{\min} \\ (c_{\min} - c)/(c_{\min} - c_{\max}), & c_{\max} < c < c_{\min} \\ 1, & c \leq c_{\max} \end{cases} \quad (7-2)$$

式中:c、$c_{\max}$、$c_{\min}$分别为作战能力指标C的固有取值、理想需求与最低需求。

(3) 适度型指标的需求满足度为

$$s = \begin{cases} 1, & c = c_{max} \\ 1 - |c - c_{max}|/|c_{max} - c_{min}|, & c \neq c_{max} \end{cases} \quad (7-3)$$

式中:c、c_{max}、c_{min} 分别为作战能力指标 C 的固有取值、理想需求与最低需求。

7.2.5.2 作战能力指标权重分析

作战能力指标权重与指挥信息系统的使命任务密切相关,支撑核心使命任务完成的作战能力往往具有较高的权重。为此,采用组合赋权方法,实现面向使命任务的客观赋权与专家打分的主观赋权有机结合,提高作战能力指标权重分析的可信度,可采用 5.2.4.4 节的指标权重分析方法。

7.2.5.3 作战能力聚合

根据作战能力指标体系中上层指标与下层指标之间的相互关系可知,上层指标的能力满足度可由下层指标的能力满足度聚合得到,聚合依据为下层指标间的相互关系。依据作战能力指标间的相互关系,可构建如下 3 类聚合模型:

1. 加权和模型

与下层指标之间存在聚集关系的上层指标,其作战能力满足度可采用加权和模型计算。假定作战能力指标 C_a 与 k 个作战能力指标 C_{a1}、C_{a2}、$\cdots$、C_{ak} 之间存在聚集关系,即 $R(C_a, C_{a1}) = R(C_a, C_{a2}) = \cdots = R(C_a, C_{ak}) = r_1$。设作战能力指标 C_{a1}、C_{a2}、$\cdots$、C_{ak} 的取值分别为 s_{a1}、s_{a2}、$\cdots$、s_{ak},则有 $s_a = \sum_{l=1}^{k} \beta_{al} s_{al}$,其中 $\beta_{al}(l = 1, 2, \cdots, k)$ 为作战能力指标 C_{al} 的权重。

2. 加权积模型

与下层指标之间存在依赖关系的上层指标,其作战能力满足度可采用加权积模型计算。假定作战能力指标 C_a 与 k 个作战能力指标 C_{a1}、C_{a2}、$\cdots$、C_{ak} 之间存在依赖关系,即 $R(C_a, C_{a1}) = R(C_a, C_{a2}) = \cdots = R(C_a, C_{ak}) = r_2$。设作战能力指标 C_{a1}、C_{a2}、$\cdots$、C_{ak} 的取值分别为 s_{a1}、s_{a2}、$\cdots$、s_{ak},则有 $s_a = \prod_{l=1}^{k} s_{al}^{\beta_{al}}$,其中 $\beta_{al}(l = 1, 2, \cdots, k)$ 为作战能力指标 C_{al} 的权重。

3. 综合模型

如果上层能力指标与下层能力指标既存在聚集关系又存在依赖关系,是多种能力关系复合的情形,则可先计算依赖关系,再计算聚集关系,最后进行综合。假定作战能力指标 C_a 与 k 个作战能力指标 C_{a1}、C_{a2}、$\cdots$、C_{ak} 有关,其中,$R(C_a, C_{a1}) = R(C_a, C_{a2}) = \cdots = R(C_a, C_{ah}) = r_1(h < k)$,$R(C_a, C_{ah+1}) = R(C_a, C_{ah+2}) = \cdots = R(C_a, C_{ak}) = r_2(h < k)$。设作战能力指标 C_{a1}、C_{a2}、$\cdots$、C_{ak} 的取值分别为 s_{a1}、

s_{a2}、…、s_{ak}，则有 $s_a = \sum_{l=1}^{h} \beta_{al} s_{al} + \prod_{l=h+1}^{k} s_{al}^{\beta_{al}} (h < k)$，其中 $\beta_{al}(l=1,2,\cdots,k)$ 为作战能力指标 C_{al} 的权重。

7.2.6 实例分析

以地面突击装备体系完成机动突击作战任务为例，研究基于能力的装备体系需求满足度评估方法的可行性。

1. 体系方案描述

为完成机动突击作战任务，可提出两种地面突击装备体系需求方案，其中装备种类包括坦克、步兵战车、骑兵战车、装甲输送车、装甲侦察车、指挥控制车和综合保障车等，但是其数量及性能指标取值不同(部分指标如表7-2所列)。

2. 评估结果分析

以机动突击任务中的机动任务为例，首先，采用基于活动的方法ABM(Activity-Based Methodology)[25]，可将机动任务分解为一系列目标相对比较单一的任务，如表7-1第1列所示，包括实施不低于300km的连续机动任务 T_1，在平原地区保持不低于35km/h的平均越野速度 T_2，越过不超过3m宽、不超过1m深的沟渠 T_3，快速通过坡度小于30°的坡道 T_4；然后，采用QFD方法，可将机动任务进一步映射分析得到完成特定机动任务所必需的作战能力指标及其相互关系，如表7-1第1行所示，包括续航能力 C_1、平均越野机动能力 C_2、越壕能力 C_3、越墙能力 C_4、爬坡能力 C_5、涉水能力 C_6。最后，根据机动任务重要度 $\alpha_i(i=1,2,3,4)$ 排序，可计算得到作战能力的重要度 $\beta_j(j=1,2,\cdots,6)$，如表7-1所列。表中作战能力 C_j 对作战任务 T_i 的支持程度 g_j 采用符号"★"，"▲"，"◆"表示，经分析其比例关系近似等于9:3:1，◎表明作战能力 C_j 与作战任务 T_i 无关。

表7-1 作战任务—作战能力映射矩阵(分层计算权重)

	C_1	C_2	C_3	C_4	C_5	C_6	α_i
T_1	★	◆	◆	◆	◆	◆	0.20
T_2	◎	★	▲	▲	▲	▲	0.40
T_3	◎	◎	★	★	◆	▲	0.25
T_4	◎	◎	◎	◎	★	◎	0.15
d_j	1.8	3.8	3.65	3.65	3	2.9	
β_j	0.10	0.21	0.20	0.20	0.17	0.12	
R	r_1	r_1	r_1	r_1	r_1	r_1	

作战能力指标 $C_j(j=1,2,\cdots,6)$ 对应的装备性能指标分别为 $P_k(k=1, 2,\cdots,6)$，即最大行程(km)、平均越野机动速度(km/h)、越壕宽(m)、过垂直墙高度(m)、最大爬坡度(°)、涉水深(m)。根据作战能力指标满足度计算公式，可得到方案 1 和方案 2 对作战能力指标 $C_j(j=1,2,\cdots,6)$ 的满足程度，如表 7-2 所列。

表 7-2 作战能力指标满足度计算

C_j	P_k	c_j	方案 A				方案 B			
			S_A	$f_{\max}$	f_{low}	$f_{\min}$	S_B	$f_{\max}$	f_{low}	$f_{\min}$
C_1	P_1	600	0.6	800	600	450	0.54	700	560	400
C_2	P_2	70	0.53	90	60	50	0	60	40	30
C_3	P_3	4.2	0.56	5	4	3	0.53	5	3.8	3.2
C_4	P_4	1.0	0.8	1.5	1.2	1.0	0.6	1.3	1.0	0.8
C_5	P_5	30	0.6	40	30	25	0.6	35	30	28
C_6	P_6	3.8	0.64	6	4	3	0.44	4	3	1.5

3. 作战能力满足度聚合计算

根据作战能力指标之间的相互关系，采用加权和的作战能力满足度聚合算法，可得到方案 1 与方案 2 的满足度分别为 0.62 和 0.43，表明方案 1 的作战能力满足度高于方案 2 的作战能力满足度，说明方案 1 更接近地面突击作战任务的装备需求。

7.3 基于复杂网络的指挥信息系统抗毁性评估方法

7.3.1 复杂网络

复杂网络的研究最初是从 Euler 对七桥问题的研究开创图论开始的。此后，研究者开始用图论来研究复杂网络。图论中用一个点集和一个边集组成的图来表示网络。一个图可以用集合图形表示，这种表示具有直观形象的优点。网络中的节点数目表示网络规模的大小；节点之间的连接数量为边数。复杂网络的研究思路是强调系统的结构并从结构角度分析系统的功能。其主要特征可概括为以下 5 个方面：

（1）网络行为的统计性：网络的节点数量可以有数以万计，因此大规模的网络行为具有统计性特点。

（2）节点动力学行为的复杂性：每个节点自身可以是非线性系统，具有混沌和分岔等非线性动力学行为。

(3)网络连接的稀疏性:一个含有 n 个节点的具有全局耦合结构的网络的连接数目为 $O(n^2)$,而实际大型网络的连接数量一般为 $O(n)$。

(4)连接结构的复杂性:网络连接结构不是完全规则也不是完全随机的,但其内部存在自组织特性。

(5)网络的时空演化复杂性:复杂网络具有空间和时间演化的复杂特性,其表现出多样的复杂行为,特别是网络节点之间的不同类型的同步化运动。

因此,复杂网络的研究可以简单地概括为3方面密切相关却又依次深入的内容:通过实证方法度量网络的统计性质;构建相应的网络模型来理解这些统计性质何以如此;在已知网络结构特征及其规则的基础上,预测网络系统的行为。

7.3.1.1 复杂网络的特征度量

复杂网络研究的独特之处在于首先研究网络中大规模节点及其连接之间的统计特性,不同的统计特性意味着不同的网络内部结构,而结构的不同又导致网络的功能有所差异。因此,研究复杂网络的第一步就是要研究这些统计性质。目前,研究的主要统计性质有:度和度分布、度秩函数、聚集系数、平均路径长度、介数、网络弹性等。

1. 度和度分布

在一个网络图中,节点 v_i 的度定义为与该节点相连接的边的总数目,所有节点 v_i 的度 k_i 的平均值称为网络的平均度,记为 $<k>$。

网络中节点的度分布用分布函数 $p(k)$ 来表示,其含义是网络中的某个节点恰好有 k 条边的概率,等于网络中度数为 k 的节点的数量占网络节点总数的比值。

图7-4表现了8个节点的无向简单连通图的度分布的情况。

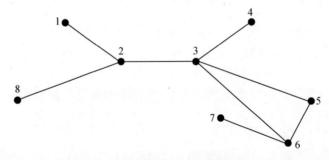

图7-4 8个节点的无向简单连通图

在图7-4中,节点集合为 $V=\{v_1,v_2,\cdots,v_8\}$,节点的度分布为 $p(4)=1/8$, $p(3)=2/8=1/4, p(2)=1/8, p(1)=4/8=1/2$。

Erdös 和 Rény 提出的随机图中,节点之间以概率 p 相连接,节点度分布服从二项分布或大 n 极限下的泊松分布。Watts 和 Strogatz 提出的小世界网络中,节点连接度分布的形态与随机网络相似,但是当小世界网络模型初始的节点度相对较大时,它的节点度分布呈指数 ($p(k) = a^k, a \in (0,1)$) 规律衰减。在现实网络中,多数的复杂网络具有幂律度分布 ($p(k) = k^{-\lambda}$) 的特点,例如万维网、人类社会关系网络和神经系统网络等。幂律分布常常又被称作无标度(scale-free)分布,具有幂律分布的网络也称为无标度网络。研究表明,幂律分布曲线比泊松指数分布曲线下降要慢得多。

2. 度秩函数

度秩函数是关于复杂网络的宏观统计特征。利用相关系数研究无标度和指数网络中度分布与度秩函数的精确性。结果表明,在无标度网络中,当标度指数 $\lambda \leq 3.1$ 时,度秩函数的相关系数更高,即用度秩函数来衡量无标度网络比度分布更合适;反之,度分布的相关系数更高,即用度分布来衡量无标度网络比度秩函数更合适。在指数网络中,当其底数 $\alpha \in (0, 0.2)$ 时,度秩函数的相关系数比度分布低,即用度分布来衡量指数网络更精确;当 $\alpha \in [0.2, 1)$ 时,用度秩函数来衡量指数网络更精确。

如图 7-5 所示,将图 G 中的节点按照度的大小降序排列成 $N-1$ 段,其中第 m 段中的节点的度均为 $N-m$。令 k_i 表示节点 v_i 的度,易见 $1 \leq k_i \leq N-1$。同时 $K = \{k_1, k_2, \cdots, k_n\}$ 为图 G 的度序列,假设 $k_1 \geq k_2 \geq \cdots \geq k_N$。令 l_m 表示第 m 段中节点的数目,即网络中度为 $N-m$ 的节点的数目。令节点 v_i 处于第 m 段,r_i 表示节点 v_i 的排序号。定义度序列 K 中节点的度 k_i 与节点排序号 r_i 之间的关系函数为图 G 的度秩函数,记为 $k = f(r)$。

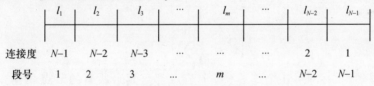

图 7-5 将节点按照连接度从大到小排序

通过数学推导,得到以下两个结论:

(1) 节点度分布为 $p(k) = C_1 k^{-\lambda}$ 的无标度网络的度秩函数为
$$d = f(r) = (C_2 r + \Delta_1)^{-\alpha}$$
其中,$C_2 = (\lambda - 1)/(NC_1), \Delta_1 = (N-1)^{-\lambda+1}, \alpha = 1/(\lambda - 1)$。

(2) 节点度分布为 $p(k) = B_1 \alpha^k$ 的指数网络的度秩函数为
$$d = f(r) = \log_a(B_2 r + \Delta_2)$$

其中，$B_2 = -\ln a/(NB_1)$，$\Delta_2 = a^{N-1}$。

3. 平均路径长度

在网络中，两个节点之间的距离 d_{ij} 一般定义为连接两点的最短路径的边的数量；网络的直径 D 定义为网络中任意两点之间距离的最大值；网络的平均路径长度 L 定义为所有节点对之间距离的平均值，它表示的是节点之间的分散程度，即网络有多大。

$$\begin{cases} D = \max_{i,j} d_{ij} \\ L = \dfrac{1}{N(N-1)} \sum_{i,j \in G, i \neq j} d_{ij} \end{cases} \quad (7-4)$$

其中，N 为网络的节点数量。复杂网络研究中发现了一个重要的现象，即许多大规模现实网络的平均路径长度比想象的要小得多，称为"小世界效应"。这一说法来自著名的 Milgram "小世界"试验，试验表明，参与者通过把一封信传给自己熟悉的人，最终传到指定的人，平均仅传过 6 个人，该试验也是"六度分离"概念的起源。

4. 聚集系数

聚集系数 C 用于表示网络中节点的聚集状况，即节点之间连接有多紧密。例如社会关系网络中，你的朋友的朋友可能是你的朋友或者他们彼此也是朋友。在一个网络中，假设节点 v_i 通过 e_i 条边与其他 m_i 个节点相连接，那么这 m_i 个节点间最多可能有 $m_i(m_i-1)/2$ 条边，m_i 个节点之间实际存在的边数 E_i 与总的可能边数之比定义为节点 v_i 的聚集系数，网络中全部节点聚集系数的平均值为网络的聚集系数，即

$$\begin{cases} C_i = \dfrac{2E_i}{m_i(m_i-1)} \\ C = \dfrac{1}{N} \sum_{i=1}^{N} C_i \end{cases} \quad (7-5)$$

很显然，只有网络在全连通（每个节点都与其余所有的节点相连）的情况下，聚集系数才等于 1，一般情况下都会小于 1。对于一个有 N 个节点的完全随机网络，当 N 很大时，$C = O(N^{-1})$。然而在现实中，许多大规模网络的节点倾向于聚集在一起，虽然聚集系数 C 远小于 1，但是都比 $O(N^{-1})$ 要大得多。

7.3.1.2 复杂网络的主要模型

1. 规则网络模型

规则网络模型含有全耦合模型、最近邻耦合模型以及星形耦合模型，如图 7-6 所示。

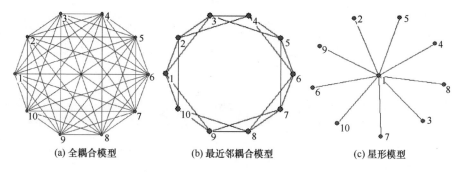

(a) 全耦合模型　　(b) 最近邻耦合模型　　(c) 星形模型

图 7-6　规则网络模型

全耦合模型的特征是指任意两个节点都能够直接相连。相比于其他节点数相同的网络,全耦合网络的平均距离最短,聚集系数最大,分别为 $L=1$ 和 $C=1$。然而,现实中大多数存在的网络都是很稀疏的网络,边的个数只是节点数的倍数,远远达不到饱和。因此对于该模型的应用面临着较大的局限性。

最近邻耦合模型的特征是网络中任意节点只与周围固定数目的邻节点相连。假设一个环形结构的网络,其中节点个数为 N,令每个节点都和它左右各 $K/2$ 个邻节点相连(这里 K 取偶数)。当 K 取值较大时,该网络的聚类系数近似为

$$C = \frac{3(K-2)}{4(K-1)} \approx \frac{3}{4} \tag{7-6}$$

假设 K 值固定,则网络的平均距离 L 近似为

$$L \approx \frac{N}{2K} \to \infty \ (N \to \infty) \tag{7-7}$$

该网络平均路径较大,聚集程度较高,但不是小世界网络。

星形耦合模型的特征是只有一个中心节点,其他节点都与该节点相连而且只与该节点相连。星形耦合网络模型的平均距离 $L \to 2$,聚集系数 $C \to 1$。该网络不仅具有稀疏性和聚类性,还具有小世界性。

2. 随机图网络模型

随机网络模型利用随机图(ER 模型)来表示复杂网络的拓扑结构,同时借助概率论来研究随机图模型,是研究复杂网络的基本模型。

假设存在 N 个相互独立的节点,对其中任意两点以某个概率 p 进行连接,这样就形成了一个含有 N 个节点,$pN(N-1)/2$ 条边的 ER 随机图模型,如图 7-7 所示。

假设 $<k>$ 是 ER 随机图的平均度,那么 ER 随机图的平均距离 L 为

$$L \propto \frac{\ln N}{\ln <k>} \tag{7-8}$$

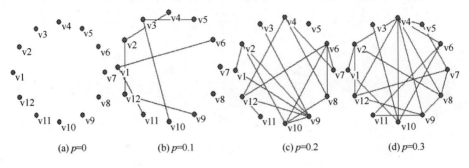

图7-7 ER随机网络模型

随着N的增长,$\ln N$也呈现出缓慢增长趋势,但是L仍然很小,具有小世界网络特性。聚类系数C为

$$C = \rho = \frac{<k>}{N} \ll 1 \quad (7-9)$$

由此可见,稀疏ER随机图的聚度系数远远小于1,不含有聚类特性。

3. 小世界网络模型

美国哈佛大学的心理学家Stanley Milgram,曾经通过一个连锁性实验和社会调查得出一个推论:世界上任两人之间的平均距离为6。这就是著名的六度分离(six degreeof separation)的推论。尽管该实验有很多需要完善的地方,但该现象引起了当时学者的广泛注意。1990年在美国上演的一部名为《六度分离》的戏剧,使得该论断进一步传播。1998年6月,美国康奈尔大学的Watts和导师Strgatz发表了题为《"小世界"网络的集体动力学》的论文提出了小世界(WS)模型。该模型形象描述出了实际网络具有聚集系数大和平均路径短的性质,表明复杂网络研究开始进入新纪元 WS模型的演化算法如下:

(1)假设一个环状规则网络,其中含有N个节点,并且任一个节点都和它左右各$K/2$个邻节点相连,这里K取偶数。

(2)进行随机化重连。假定边的一个端点保持不变,另一端点以特定的概率p随机选择网络中的其他节点进行重连。规定任意两个节点之间至多存在一条边,并且任意节点都不能和自身直接相连。由此可知,通过控制概率p的大小就可以令网络模型从规则网络过渡到随机网络。当$p=0$时,网络模型为规则网络;当$p=1$时,网络模型为随机网络,而当p处于0~1区间时,网络模型为小世界网络,如图7-8所示。

小世界网络的度分布呈现出指数分布特征,峰值取平均值,另外含有平均路径短和聚集系数大的网络特性,如图7-9所示。这里$L(p)$表示平均路径,$C(p)$表示聚集系数。

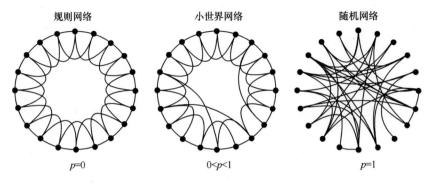

图7-8 规格网络、小世界网络与随机网络

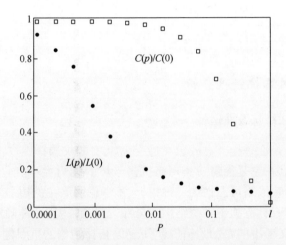

图7-9 小世界网络的平均最短路程和平均聚集系数

小世界网络广泛存在于现实生活中,例如社会和生态网络基本上都属于小世界网络。这些网络带有小世界网络模型的特性,信息能够被快速传递,而且只要稍微改变几个连接,就能够大大改善网络性能。如改变蜂窝电话网络的几个线路就可以显著提高性能。

4. 无标度网络模型

BA模型的设计者觉得人们在设计网络模型时,常常忽视了实际网络存在的两个重要特性:一个是增长的性质;另一个是优先连接的性质。1999年,Barabasi与Albert提出某些复杂网络的节点度服从幂律分布的结论。因为幂律函数的标度不变,所以这种不变标度且满足幂律函数分布的网络也被称为无标度网络。为了形象地表示出幂律分布,他们提出了一个无标度网络模型,后来被称为BA模型。

BA模型的构造算法:

(1) 假设某个网络带有 m_0 个节点,每次向该网络中添加一个新的节点,并且连到其他已存在的节点上。

(2) 新添加的节点 j 和某个已存在的节点 i 相连接的概率为 p,节点 i 的度 k_i 和节点 j 的度 k_j 之间存在如下关系:$p = k_i / \sum_j k_j$。

BA 模型的平均最短距离为

$$L \propto \frac{\lg N}{\lg \lg N} \tag{7-10}$$

该式表明 BA 模型具有小世界特性。

BA 模型的聚集系数为

$$C = \frac{m^2(m+1)^2}{4(m-1)}\left[\ln\left(\frac{m+1}{m}\right) - \frac{1}{m+1}\right]\frac{[\ln(t)]^2}{t} \tag{7-11}$$

该式表明,当网络的节点数足够多时,BA 模型不再具有聚类特性。

7.3.2 复杂网络抗毁性分析

7.3.2.1 复杂网络抗毁性指标

复杂网络抗毁性是指节点或边在遭受随机攻击或选择性攻击的条件下,网络保持连通的能力,它是衡量一个网络抗击破坏的能力大小。它是从网络的拓扑结构角度来反映网络可靠性的一种指标,不考虑网络中的边和节点的可靠度。该方法假定破坏者具有关于系统结构的全部资料,并运用一种确定性破坏策略。实际上,这种定义考虑的是"最坏情况"下网络拓扑结构的抗毁性。

复杂网络抗毁性评价指标主要包括全网效能、平均最短路径、连通系数、平均聚集系数、最大连通子图的相对大小等。

(1) 全网效能。假设复杂网络由邻接矩阵来表示,若节点 v_i 和 v_j 之间有边直接相连,则邻接矩阵中对应的元素 a_{ij} 为 1,否则 a_{ij} 为无穷大。a_{ij} 也可以看成是将一个数据包从节点 v_i 传送到 v_j 所用的时间。网络的全网效能是指网络中任意两点间通路的最短时间的倒数($\varepsilon_{ij} = 1/t_{ij}$)与网络中节点间所有通路的比值。即

$$E(G) = \frac{\sum_{i,j \in G, i \neq j} \varepsilon_{ij}}{N(N-1)} = \frac{1}{N(N-1)} \sum_{i,j \in G, i \neq j} \frac{1}{t_{ij}} \tag{7-12}$$

根据不同的比例对网络进行边(点)的攻击,可得到点攻击下的全网效能的变化情况,并且可以得到网络崩溃时的节点移除临界比例。因此可以用于评价不同类型网络对点攻击的承受力。

(2) 平均最短路径。设 $G = (V, E)$ 来表示无向无权图,其中 V 是节点的集

合,E 是边的集合。平均最短路径可以表示为

$$l = <d(i,j)> = \frac{1}{N(N-1)}\sum_{i \in V}\sum_{j \neq i \in V} d(i,j) \tag{7-13}$$

其中 $i,j \in V$,$d(i,j)$ 为节点 i 和 j 间的路径长度。为了对不同网络进行对比,引入最短路径比的概念,比较不同网络之间的平均最短路径的关系。l_0 表示网络受攻击前的平均最短路径,l_1 表示攻击后的平均最短路径,l_1/l_0 即平均最短路径比,可以用于评价网络攻击后的效果。$l_1/l_0 = 1$ 表示网络未受任何攻击;$l_1/l_0 < 1$ 表示网络在受到攻击后连通性变好,而且越远离 1,说明网络的连通性越好,网络越可靠;$l_1/l_0 > 1$ 表示网络在受到攻击后连通性变差,而且越远离 1,说明网络越不可靠。

(3)连通系数。

$$C = \frac{1}{w \sum_{i=1}^{w} \frac{N_i}{N} l_i} \tag{7-14}$$

式中,C 为网络的连通系数;w 是网络连通分支数量;N 为网络的节点总数量;N_i 是第 i 个连通分支中节点数量;l_i 为第 i 个连通分支的平均最短路径。

由上面的定义可知,连通的分支数越少,各分支的平均最短路径越小,网络连通性越好,连通系数越大。当 $w = l = 1$ 时,连通系数取最大值 1。连通系数充分考虑到了网络在点的随机攻击下,每个子网络和所有子网络分支的平均最短路径,比较全面地反映了网络在遭受攻击下的变化情况。

(4)平均聚集系数。令无向网络的节点 v_i 与邻近的 m_i 个节点相连,这 m_i 个节点之间通过 E_i 条边互相连接,则节点 v_i 的聚集系数为

$$C = \frac{2E_i}{m_i(m_i - 1)} \tag{7-15}$$

平均聚集系数是网络上所有节点的聚集系数的平均值,表示的是整个网络的平均聚集特性,其也可以从一定程度上衡量网络的连通性能。为了比较不同网络的聚集特性,引入平均聚集系数比这个指标。用 C_1 表示网络受攻击后的平均聚集系数,C_0 表示攻击前的聚集系数,则 C_1/C_0 即平均聚集系数比。$C_1/C_0 = 1$ 表示网络未受攻击;$C_1/C_0 < 1$ 表示网络在受到攻击后,连通性变差,而且越接近 0,连通性越差,网络越不可靠;$C_1/C_0 > 1$ 表示网络在受到攻击后,连通性变好,而且越远离 1,连通性越好,网络越可靠。

(5)最大连通子图的相对大小。最大连通子图又称最大集团,指的是把图中所有节点用最少的边将其连接起来的子图。最大连通子图的相对大小 S 指最大连通子图中的节点数量与整个网络中全部节点的数量的比值。

$$S = N'/N$$

其中,N'表示网络受攻击后的最大连通子图的节点数量;N表示整个网络中全部节点的数量。最大连通子图的相对大小反映了网络遭受攻击后的拓扑结构的变化。

7.3.2.2 复杂网络抗毁性模型

复杂网络抗毁性研究的两个主要方面是网络独立失效抗毁性和级联失效抗毁性。

1. 网络独立失效抗毁性

网络的独立失效抗毁性是在假设一个节点(或边)的失效是独立的,不会导致其他节点(或边)失效的条件下,研究网络的抗毁性,这方面的研究大多要用到两大理论,即图论和统计物理。在图论中,研究独立失效抗毁性时,网络的抗毁性通常用图的连通性来刻画。

在复杂网络的无尺度特性和小世界现象被发现以后,网络抗毁性研究有了一个新的转折:从研究规模较小的简单网络的准确性转变为研究规模庞大的复杂网络的统计属性。对于包含数以万计的节点的复杂网络而言,研究"某个节点失效可能对整个网络的可靠性具有多大影响"这个问题就没有太大的意义了,但"去掉多少数量的节点会造成网络崩溃"这个问题的研究价值就更大了。针对这个问题,主要的研究方法有基于解析和基于仿真两种思路。

(1)基于解析的方法,把抗毁性问题变为广义随机图上的渗流问题,运用该理论研究了复杂网络的抗毁性,并提供了随机失效和蓄意攻击下的临界移除比例。

(2)基于仿真的方法,在网络的边(或节点)去掉的过程中观察网络性能的变化,用网络状态发生相变时的临界节点的移除比例来衡量网络的抗毁性。通常用的网络性能参数包含最大连通片规模、平均路径长度和网络效率等。无标度网络具有双重性:在随机失效(failure)情况下,无标度网络与随机网络相比具有更强的抗毁性,而在选择性攻击下,无标度网络的抗毁性比随机网络要弱得多。

如图 7-10 所示,横坐标 f 代表移除网络中的节点的比例,纵坐标 d 为网络的直径,图中对指数网络和无标度网络分别在随机失效和蓄意攻击的情况下做出仿真,并对英特网和万维网两个实际网络做了仿真,结果说明这两个网络也是无标度网络。

如图 7-11 所示,横坐标 f 代表移除网络中的节点的比例,纵坐标中 S 表示最大连通子图的相对大小,$<s>$ 表示孤立的子图的平均大小,图中对指数网络

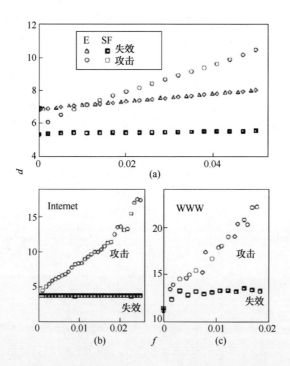

图7-10 网络在随机失效和蓄意攻击条件下网路直径随节点移除比例的变化关系

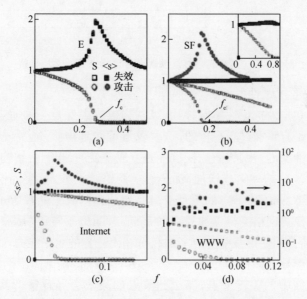

图7-11 网络在随机失效和蓄意攻击条件下网络的最大连通子图相对大小和
孤立子图的平均大小随节点移除比例的变化关系

和无标度网络分别在随机失效和蓄意攻击情况下做出仿真,同时仍然以英特网和万维网为例进行仿真,也说明了这两个实际网络的无标度特性。

如图 7-12 所示,反映了在 3 种不同的节点删除比例的情况下,指数网络和无标度网络分别在随机失效或者蓄意攻击的条件下网络的变化,并且在图中形象地描述了无标度网络和指数网络在 3 种不同节点删除比例情况下的网络分裂情况及连通子图的大小变化。

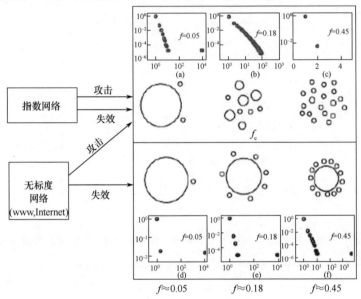

图 7-12 网络在随机失效或者蓄意攻击下的变化总结

2. 网络失效抗毁性

与网络独立失效抗毁性不同,网络级联失效抗毁性是一种动态抗毁性。许多复杂网络上是有负载或者权重的,这些权重可能是物质、能量或信息等,可以是具体的或者抽象的。网络上的权重不是一成不变的,当网络结构发生变化,例如网络中节点(边)的移除或增加,都会影响网络上的权重,使得权重将重新分配。一般情况下,网络中节点的承受能力是有限的。有限的权重承受能力和权重的重新分配使得网络变得更加复杂:一个节点的失效导致网络权重的重新分配,权重的重新分配使得某些节点上的权重超出自身的承受能力而失效,这些节点的失效又可能导致其他节点的"级联失效"。例如,在无标度网络中,开始失效的节点是网络中的关键节点,那么此节点的失效会导致整个无标度网络的"级联崩溃"。在现实生活中,很多复杂网络的事故都可以归纳为"级联崩溃",其中最具代表性的是 2003 年 8 月美国和加拿大的电网大崩溃事件。不仅在电网中,其他社会生活中的许多网络如城市交通网络、通信网络等都有可能发生"级联崩溃"的状况。

这里介绍一种带有过载函数的复杂网络级联失效模型,该模型对网络中的每个节点定义了一个过载函数,该模型的优点在于它用网络中节点的权值变化来取代网络拓扑结构的变化,这样使得此模型更容易操作且更合理,其模型构建具体如下:

用 $G=(V,E)$ 来表示一个复杂网络,G 是一个无向的连通图,有 n 个节点和 m 条边,$V=\{v_1,v_2,\cdots,v_n\}$ 代表节点集合,$E=\{e_1,e_2,\cdots,e_n\}$ 代表边的集合。

(1) 初始负载:认为经过某个节点的最短路径越多则此节点上的负载也越高。

$$L_k = C_B(k) = \frac{\sum_{w\neq w'\in V}\frac{\sigma_{ww'}(k)}{\sigma_{ww'}}}{n(n-1)} \qquad (7-16)$$

其中,$\sigma_{ww'}$ 表示 w 与 w' 之间所有最短路径数量;$\sigma_{ww'}(k)$ 表示 w 与 w' 之间经过节点 k 的最短路径数量。为了避免用上述公式计算出来的节点负载存在零的情况,在此规定 w 与 w' 可以取 k。

(2) 负载的重新分配:针对网络中的节点大多时候处于"正常"和"失效"两种极端状态之间的情况,给网络中的每个节点定义一个"过载函数"F_k,给各个节点赋予一个动态的权值,表示负载通过此节点的难易程度。设边权为它所连接的节点权值之和的一半。当节点上的过载函数值发生变化时,网络上的负载将重新分配,而负载的重新分配又会改变节点的过载函数值。这里的过载函数选取一种迭代形式的公式:

$$F_k(t) = \begin{cases} 1, & L_k(t) \leqslant L_k(0) \\ 1+\frac{L_k(t-1)-L_k(0)}{C_k-L_k(0)}(n-1), & L_k(0) < L_k(t) < C_k \\ n, & L_k(t) \geqslant C_k \end{cases} \qquad (7-17)$$

其中,$L_k(0)$ 为初始负载;C_k 为负载容量。上式中的 3 个表达式分别表示节点的正常、过载、失效 3 种状态。若某个节点的失效后其状态不再变化,设 $F_k(t_1)=n$,则 $F_k(t)=n,t\geqslant t_1$。

$$C_k = L_k(0)(1+\alpha)$$

其中,α 为"容限系数",可依据网络的实际情况而定。由上述公式可知,α 越大,网络越不容易发生级联失效,则恰好发生级联失效时 α_c 称为临界容限系数。

(3) 级联失效过程:初始攻击时,把删掉的节点的"过载函数值"变为 n,网络的拓扑结构不发生改变。级联失效过程的标志为：无新的节点变为"失效状态"。因为节点处于失效状态后不能恢复到其余两个状态，故级联失效过程最多经过$(n-1)$步迭代则会停止。

级联失效后果用失效后网络的平均加权效率来表示，即

$$E = \frac{1}{n(n-1)}\sum_{i,j \in V, i \neq j}\frac{1}{d_{ij}} \qquad (7-18)$$

其中，d_{ij}为节点v_i与v_j之间的加权最短平均距离。这个评价指标不仅反映了网络中失效节点的位置，还反映了失效节点的数量。

7.3.3 基于复杂网络的指挥控制系统抗毁性建模

7.3.3.1 特点分析

指挥控制系统网络的抗毁性可定义为受到敌方物理破坏或火力攻击时在规定时间内完成规定功能的能力。指挥控制系统网络除了具有复杂网络的一般特征以外，还具有其本身的特点：

(1) 网络节点的自主性。在指挥控制网络中，网络节点代表了各级指挥中心或其他功能单元，其可以用以下几类系统实体描述：指挥控制实体、感知实体、执行实体和关系实体。对于每个实体，它们都具有自主性的特点，即在其受到打击时，具有一定的自我恢复能力以及与其他节点重新建立连接的能力。

(2) 网络边的抽象性。在指挥控制系统中，组成系统网络的边在很大程度上是系统内部指挥控制关系的抽象。实际的物理连接有时并不存在，所以对指挥控制系统的打击可认为是对系统网络节点的打击，对于边的打击可看作是对节点之间联系的弱化。

(3) 指挥控制系统网络的动态抗毁性。从对抗毁性的定义可以看出，时间是抗毁性研究中一个不可忽略的因素。指挥控制系统网络的抗毁性可以理解为在系统遭受打击时，系统还能在多长"时间"内维持系统功能的能力，这个"时间"的长短是系统网络抗毁性的重要指标，因此指挥控制系统网络的抗毁性从某种意义上具有动态变化过程。

7.3.3.2 模型构建

指挥控制抗毁性模型R可表示为

$$R::= <G,F,S>$$

(1) 指挥控制系统的复杂网络模型G。

$$G = (V,E)$$

代表指挥控制系统的复杂网络模型,其中:

$V = \{v_1, v_2, \cdots, v_n\}$ 为复杂网络中节点的集合,在指挥控制系统网络中,节点 v_i 代表各类指挥与控制实体。

$E = \{e_1, e_2, \cdots, e_n\}$ 为复杂网络中边的集合,在指挥控制系统网络中,e_i 代表各类实体之间的联系,一般为实体之间信息联系的抽象。指挥控制系统中实体之间若存在直接的信息联系,可认为这两个实体之间存在边,否则认为它们之间不存在边。

(2) 攻击策略 S。

复杂网络抗毁性分析中经常采用的攻击策略为随机攻击和重点攻击,为了描述攻击效果,引入攻击力度函数:

$$f_{\text{attack}} = p(k_i)$$

攻击力度函数 $p(k_i)$ 为节点 v_i 的度 k_i 的函数,对于度值较大的节点采用更大力度的打击。为具体说明,定义攻击力度指数为 ρ,并采用正比例函数来描述:

$$p(k_i) = \rho(1 + k_i)$$

(3) 网络的抗毁性测度 F。

一般情况下,可采用以下参数如最大簇大小、孤立簇、连通度,黏聚度,网络的最短路径长度,网络的结构熵等作为网络的抗毁性测度。由于指挥控制系统是基于信息的系统,信息的传输效率在一定程度上代表了系统的效率。因此,可将网络整体效率作为抗毁性测度,可表示为

$$F = \frac{1}{N(N-1)} \sum_{i,j \in G, i \neq j} \frac{1}{d_{ij}} \quad (7-19)$$

其中,N 表示网络中的节点数目;d_{ij} 表示网络中任意两个不同节点之间的最短路径长度。

为了描述指挥控制系统网络抗毁性的动态特征,提出以下网络动态抗毁性测度表达式:

$$F = \frac{1}{N(N-1)} \sum_{i,j \in G, i \neq j} \frac{1}{D_{ij}} \quad (7-20)$$

其中,$D_{ij}(t)$ 定义为在 t 时刻节点 v_i 和 v_j 之间联系的强度(实际上为随时间变化的边权值大小),它是网络节点 v_i 的自修复能力和攻击力度指数的函数,如下式所示:

$$D_{ij}(t) \begin{cases} 1, & t = 0 \\ 1 + [R_d(k_i), P(k_i)] \times t, & D_{ij} \leq D_{ij}^c \\ \infty, & D_{ij} > D_{ij}^c \end{cases} \quad (7-21)$$

$[R_d(k_i), P(k_i)]$ 表示每次实际打击的效果,以下面的形式描述:

$$[R_d(k_i), P(k_i)] = \sqrt[R_d(k_i)]{P(k_i)} \qquad (7-22)$$

其中:$R_d(k_i) > 1, P(k_i) > 0$。当 $D_{ij}(t)$ 的值越大,网络效率越低,对边设定强度阈值 D_{ij}^c,若 $D_{ij}(t)$ 的值大于该阈值,则认为该节点的一个边已被移除,并设此边的权值为无穷大。

7.3.3.3 仿真实验

由于在抗毁性分析中很多条件难以量化,并且采用解析的方法往往计算量比较大,因此宜采用仿真方法来研究指挥控制系统网络的抗毁性。仿真分析具有过程可控、结果直观的特点,在对网络的动态抗毁性分析中,可形象地描述网络性能的变化。

1. 仿真假设

假设1:假设指挥控制系统网络为无向加权简单网络,网络边的初始权值为1。

假设2:采用对节点的攻击方式,并且每次只选择1个节点进行攻击。对节点进行攻击时,通过对与此节点相连的边进行权值增大的方式(如式(7-21)、式(7-22)所示),弱化该节点与其他节点之间的联系,由此达到逐步移除该节点的目的。

假设3:选择节点进行攻击时,采用随机攻击和重点打击两种方式。在重点攻击时,采用基于度值的选择方式,若剩余节点的度值相同,则采用随机攻击的方式。根据实际情况,采用顺序攻击方式,即只有当前节点被移除才选择下一个节点。

2. 仿真流程

步骤1:初始化,并设定仿真参数。如:攻击力度指数的值,节点自修复能力参数值,仿真周期计数器初始化等。

步骤2:根据设定的攻击策略选择要攻击的节点。

步骤3:对被选中的节点进行攻击,即对该节点相连的边进行一次权值增大操作。

步骤4:仿真周期计数器加1。

步骤5:更新当前所选节点的状态信息。

步骤6:判断当前所选的节点是否被移除,若被移除,从节点集中删除节点,节点移除计数器加1。

步骤7:计算当前网络的效能值。

步骤8:判断是否到达设定的目标效能值,如达到,结束仿真;否则,返回到步骤2。

3. 仿真环境设置

以某型指挥控制系统网络作为研究对象,此网络的拓扑结构如图7-13所示。

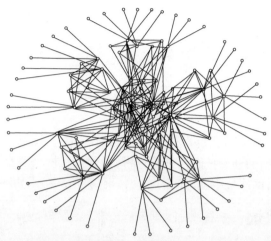

图7-13 某型指挥控制网络拓扑结构

该网络的具体连接度分布如表7-3所列。

表7-3 某型指挥控制系统网络度分布序列

度值	节点数目	累加百分比/%
1	45	42.8571
4	20	61.9045
12	18	79.0476
18	13	91.4285
24	4	95.2344
31	5	100

从网络的度分布可以看出,此指挥控制系统网络具有明显的无标度网络特征,即少部分节点具有大的连接度,而大部分节点的连接度很小。通过回归分析得到此网络的度分布基本服从幂律分布,分布的指数 $\gamma \approx 1.79$。

4. 仿真结果分析

首先对此指挥控制网络的静态抗毁性进行分析,即不考虑节点的自修复能力,分别采用重点攻击和随机攻击两种方式,仿真结果如图7-14所示。

由图7-15可以看出,指挥控制系统网络基本符合一般无标度网络的抗毁性特点:对随机攻击的鲁棒性和对重点攻击的脆弱性,是由该网络的无标度特征所决定的。

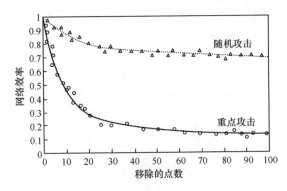

图7-14 指挥控制系统网络结构的静态抗毁性分析

然后对此网络的动态抗毁性进行分析,即分析在网络节点被赋予一定自修复能力的前提下,网络效率随时间的变化情况,其仿真结果如图7-15所示。

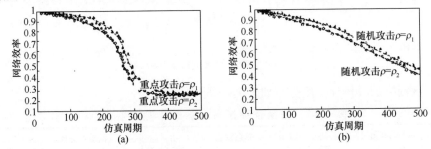

图7-15 指挥控制系统网络结构的动态抗毁性

图7-15(a)描述的是在重点攻击下网络效率随仿真时间的变化,而图7-15(b)描述的是在随机攻击下网络效率随仿真时间的变化。

在仿真中,若设网络效率的初始值为1,在图7-15中所描述的两种攻击方式下,网络效率下降到$F=0.8,F=0.5,F=0.2$,在攻击力度指数$\rho=\rho_1$的条件下所需要的仿真步长分别为

随机攻击:$T_{0.8}^s=210, T_{0.5}^s=401, T_{0.2}^s=652$

重点攻击:$T_{0.8}^R=211, T_{0.5}^R=283, T_{0.2}^R=334$

若增大攻击力度指数$\rho=\rho_2=2\rho_1$,则所需要的仿真步长分别为

随机攻击:$T_{0.8}^s=201, T_{0.5}^s=378, T_{0.2}^s=601$

重点攻击:$T_{0.8}^R=191, T_{0.5}^R=272, T_{0.2}^R=323$

以上分析说明对网络采取更大力度地攻击会缩短系统保持正常功能的时间,增大攻击力度和降低系统节点的自修复能力是相应的,所以降低节点的自修复能力会得到同样的仿真结果。

从系统网络在两种攻击策略下的网络效率下降到一定数值所用的仿真时间来看,随机攻击情况下所需要的仿真时间比重点攻击情况下所需要的时间要长,(例如:$T_{0.8}^s < T_{0.8}^R, T_{0.5}^s < T_{0.5}^R, T_{0.2}^s < T_{0.2}^R$)。因此,指挥控制系统网络的动态抗毁性同样表现出了无标度网络的抗毁性特征:对随机攻击的鲁棒性和对重点攻击的脆弱性,究其原因,仍然是由该网络的无标度特征所决定的。

7.4 基于作战效能仿真的指挥信息系统需求评估方法

作战效能是特定的作战部队使用一定编制体制结构下的某一武器装备集合所构成的作战系统,在执行作战行动任务中所能达到的预期可能目标的程度,及执行作战任务的有效程度。作战效能评估方法主要有经验推算法、解析法和作战仿真法。经验推算法是在国内外战例分析基础上进行的武器装备作战效能的粗略估计,由于作战理念、装备技术水平等约束条件的差异导致其准确性和针对性较差。解析计算法以不同作战样式下武器装备效能分析的的经验公式为主,其考虑因素少,计算比较简单,比较适合于对武器装备系统效能的分析,难以反映武器装备体系的对抗性。仿真实验法通过具体任务背景下的交战双方对抗仿真,分析武器装备完成预定使命任务的程度,它是当前作战效能评估领域取得广泛认可的方法,具有广泛的应用前途。

基于作战效能仿真的指挥信息系统需求评估,就是依托构建指挥信息系统模拟仿真系统,在体系对抗条件下,以特定的作战想定为指导进行不同兵力编组与运用的仿真实验,通过指挥信息系统完成指挥控制、情报侦察、通信及电子战任务的情况衡量指挥信息系统的总体作战效能。美军在这方面也开展过类似的工作,具有代表性是其建立的 JWARS 和 JMASS 仿真系统。它们都是以 C^4ISR 系统为核心的联合作战体系对抗仿真系统,通过 HLA 技术完成不同级别、不同粒度的对抗实体仿真。

7.4.1 仿真原理及系统设计

作战仿真,是利用计算机以特定的作战环境为背景,以预先规划的作战想定为初始条件,通过战斗过程的推演,经过装备的模型解算,直观地反映装备协同对抗条件下武器系统在战役全过程的作战效能。作战仿真法特别适合于进行武器系统或作战方案的作战效能指标的预测评估。同时该方法可以节省大量资金和时间,并且能通过反复推演,从而得出具有统计规律的武器系统效能评估结果。

指挥信息系统通常被认为是武器装备体系作战能力的倍增器,是有效链接不同武器装备实现高效作战的纽带,在武器装备体系中具有非常重要的作用。因此,为了有效仿真指挥信息系统的功能及其作战用途,必须将指挥信息系统放置在联合作战条件下的体系对抗环境中进行仿真,才能切实反映指挥信息系统对整体作战的支持程度。指挥信息系统仿真系统构建时,不仅需要构建能够反映指挥信息系统功能及其作战节点的实体模型,还应该构建与之相适应的其他军兵种武器装备功能及其作战节点模型。通过对实体模型行为、交互方式的设计,能够比较逼真地模拟作战对抗过程中敌我双方不同武器装备的作战运用过程,推进作战对抗过程仿真,进而实现对整个作战过程的仿真。

指挥信息系统作战效能仿真系统包括仿真功能、想定作业功能、综合效能评估功能、态势显示功能、数据采集功能、运行控制功能等,如图7-16所示。

(1) 仿真功能。可实现参战各军兵种武器装备的全过程、动态仿真。

(2) 想定作业功能。实现仿真初始边界条件的输入。仿真初始边界条件主要包括交战双方的武器装备型号与数量、交战双方作战任务设定、作战阶段划分、作战地域、作战态势部署等条件。

(3) 综合效能评估功能。实现对指挥信息系统各分系统能力、信息优势能力、兵力倍增能力及决策优势能力的综合评估。

(4) 态势显示功能。实现仿真实时态势的显示和过程态势的回放,以方便仿真人员了解仿真过程中各实体的状态和行为,为分析和研究武器装备的作战效能提供可视化的手段。

(5) 数据采集功能。实现仿真过程中各仿真实体状态信息、交火信息、机动信息、侦察信息、指挥控制等的实时记录,为研究和分析各类武器装备的作战能力奠定基础。

(6) 运行控制功能。实现仿真任务的设定、仿真程序的调度和加载。

设计中采用高层体系结构(HLA)技术体制来实现体系对抗仿真实体的互联和信息交互。整个仿真联邦结构包括红蓝双方C^4ISR各功能域系统的联邦成员(组)、红蓝双方兵力的仿真成员(组)。仿真联邦中的各联邦成员通过RTI进行交互,交互的内容要根据仿真的目的及作战想定来确定。

7.4.2 作战效能指标体系

作战效能反映了指挥信息系统完成指挥控制、预警探测、情报侦察、通信和电子对抗任务的程度,是对指挥信息系统作战运用结果的综合评价。根据指挥信息系统仿真的特点,可构建如表7-4所列的指挥信息系统作战效能指标体系。

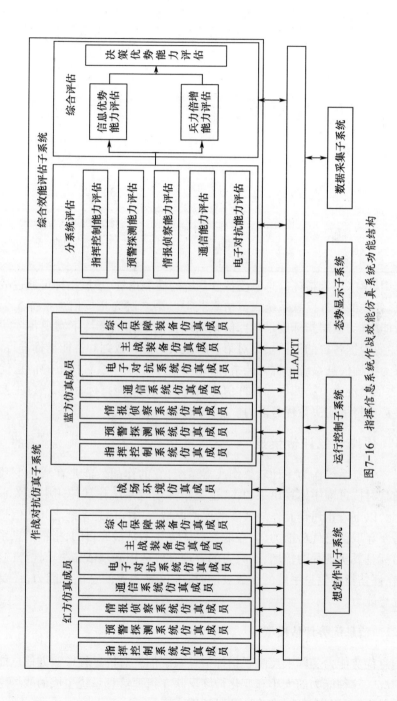

图7-16 指挥信息系统作战效能仿真系统功能结构

表7-4 指挥信息系统综合效能评估指标层次结构

层次	指标类型	指标	数据来源
四层	作战效能	决策优势能力	一、二、三层有关指标
三层	对抗效能	信息优势能力 兵力倍增能力	一、二层的性能和效能指标
二层	系统效能	指挥控制能力 情报侦察能力 预警探测能力 通信保障能力 电子对抗能力	来自一层相应分系统的 性能指标
一层	性能指标	指挥控制系统 情报侦察系统 通信系统 电子对抗系统	战场环境仿真与指挥信息 系统仿真中的所有成员

其中,第一层为指挥信息系统各分系统的性能指标,该层指标可通过战场环境仿真、各主要指挥信息系统成员仿真获得。第二层为指挥信息系统5个功能域的效能指标,该层指标度量指挥信息系统在给定作战环境下实现各项功能的程度,主要根据各自的评估模型对第一层提供的仿真数据和性能指标进行评估。第三层为指挥信息系统对抗效能指标,即与蓝军作战体系对抗下的信息优势能力、兵力倍增能力。第四层为指挥信息系统的作战效能指标,该层指标主要度量信息优势支持下的决策优势能力。

7.4.3 作战效能评估模型

指挥信息系统作为一种软杀伤武器系统,它的作战效能是在战场上敌我双方的信息对抗过程中体现出来的,这也是指挥信息系统作战使用中最关心的问题,因此,以下着重讨论其作战效能的评估模型。指挥信息系统之间的信息对抗首先是要夺取信息优势能力,但夺取信息优势并不是最终目的,指挥信息系统的最终目标是要实现兵力倍增,而兵力的合理有效运用必须依靠决策优势的获得。所以,在评估指挥信息系统的作战效能时,不仅要考虑信息优势能力,还要考虑决策优势能力。

7.4.3.1 信息优势评估模型

信息优势能力实际上反映了指挥信息系统信息对抗过程中双方信息能力的对比情况。这种能力的大小和变化最终反映在指挥信息系统生成的战场感知态势的质量上,可用完备性、准确性和时效性来度量。

1. 完备性

完备性是指在规定任务区域内战场感知态势中感知到的敌方目标的种类以及数量与战场客观态势中实际的敌方目标的种类以及数量相吻合的程度。完备性指标包括目标种类的完备性 $C(t)$ 和数量的完备性 $D(t)$。

$$C(t) = \frac{\rho(t)}{\phi(t)} \tag{7-23}$$

式中，$\rho(t)$ 表示 t 时刻感知态势中已正确发现敌方目标的种类数；$\phi(t)$ 表示 t 时刻客观态势中实际的敌方目标种类数。

考虑到战场环境中各目标不同的威胁程度，因此定义数量完备性指标为

$$D(t) = \sum_{i=1}^{n} m_i v_i(t) \Big/ \sum_{i=1}^{n} m_i V_i(t) \tag{7-24}$$

式中，m_i 为第 i 类目标的加权值，可以依据目标威胁重要程度利用层次分析法来确定；$v_i(t)$ 为 t 时刻正确发现的第 i 类目标数量；$V_i(t)$ 为 t 时刻客观态势中实际的第 i 类目标数量。所以 t 时刻感知态势的完备性 $F(t)$ 为

$$F(t) = C(t) \times D(t) \tag{7-25}$$

很显然 $F(t)$、$C(t)$、$D(t)$ 均不大于 1。

2. 准确性

准确性是指规定任务区域内战场感知态势中敌方目标的特征与真实目标特性相吻合的程度。假设 $G_i(t) = [g_{i1}(t), \cdots, g_{in}(t)]$、$P_i(t) = [p_{i1}(t), \cdots, p_{in}(t)]$ 分别表示了第 i 个目标 t 时刻在客观态势和感知态势中的特征向量，其中，特征向量中的元素为第 i 个目标的位置、速度、方位等特征，n 为第 i 个目标特征参数的个数。考虑到目标各个特征之间的相对重要性，可以引入加权因子 $\overline{\omega}(0 < \overline{\omega} < 1)$ 来反映目标特征对性能指标的影响。感知态势中第 i 个目标 t 时刻与客观态势中对应目标的偏离程度 $V_i(t)$ 可以定义为

$$V_i(t) = \sum_{j=1}^{n} \frac{|p_{ij}(t) - g_{ij}(t)| \overline{\omega}_j}{g_{ij}(t)} \tag{7-26}$$

显然，$V_i(t)$ 表示感知态势中第 i 个目标 t 时刻的特征向量与客观态势中该目标特征向量的平均偏离程度，因此将 $1 - V_i(t)$ 定义为第 i 个目标 t 时刻的准确性。假设 t 时刻感知态势中已正确发现了 N 个敌方目标，那么 t 时刻感知态势的准确性 $\overline{V}(t)$ 定义为

$$\overline{V}(t) = \sum_{i=1}^{N} (1 - V_i(t))/N \tag{7-27}$$

3. 时效性

时效性是指从客观态势中采集的信息，经过信息融合处理，形成公共作战态

势所需的时间能否满足作战需求时限。设 t 时刻系统信息时效性指标为 $T(t)$，则

$$T(t) = \frac{t \text{时刻能正确感知并能满足作战需求时限的目标数}}{t \text{时刻客观态势中实际的目标数}}$$

4. 信息优势

如果将 t 时刻红蓝双方指挥信息系统的信息能力分别用 $I_r(t)$、$I_b(t)$ 来表示，那么 $I_r(t)$、$I_b(t)$ 可以分别定义为

$$I_r(t) = F_r(t) \times V_r(t) \times T_r(t) \tag{7-28}$$

$$I_b(t) = F_b(t) \times V_b(t) \times T_b(t) \tag{7-29}$$

根据 $I_r(t)$、$I_b(t)$ 的定义可知，它们是红蓝双方的指挥信息系统在信息对抗过程中信息能力的一种动态反映。若将 $\Gamma_s(t)$ 定义为

$$\Gamma_s(t) = \frac{I_r(t)}{I_b(t)}, \quad I_b \neq 0 \tag{7-30}$$

那么 $\Gamma_s(t)$ 表示 t 时刻红蓝双方信息能力的对比情况，它反映了 C^4ISR 系统体系对抗过程中战场信息优势能力的动态变化情况。若 Γ_s 是红蓝双方整个信息对抗过程中总的信息能力对比情况，则

$$\Gamma_s(t) = \sum_{i=1}^{n} \Gamma_s(t)/n \tag{7-31}$$

Γ_s 可以描述红蓝双方信息对抗中的相对信息优势，如表 7-5 所列。

表 7-5 红蓝双方信息优势能力表

条件	结果	备 注
$I_r > I_b$	$\Gamma_s > 1$	红方拥有信息优势
$I_r < I_b$	$\Gamma_s < 1$	蓝方拥有信息优势
$I_r = I_b$	$\Gamma_s = 1$	双方均无信息优势

7.4.3.2 决策优势评估模型

指挥信息系统的决策过程中信息流程是一个闭环系统，可以分成 4 个阶段：指挥员从综合态势图中得到战场态势信息，对战场态势信息进行评价；然后指挥人员根据得到的战场态势信息形成指挥命令、进行决策分析；接着各级部队接到命令后执行命令、采取作战行动；最后命令和决策的执行情况形成客观态势，反馈到指挥中心。这里的决策信息流程形成了一个环路，称为指挥决策环。从中可提出了 3 个影响决策质量的指标：

（1）决策周期。决策周期由 4 个时间分量构成：战场态势认知时间 T_1，指挥员依据态势信息形成决策的时间 T_2，指挥命令下达到部队的时间 T_3，部队将执行任务情况反馈到指挥员的时间 T_4，设决策周期为 T_D，则

$$T_D = T_1 + T_2 + T_3 + T_4 \qquad (7-32)$$

（2）态势认知一致性。态势认知一致性是指指挥员从综合态势图中得到的感知态势和客观态势的吻合程度。态势认知一致性可用指挥员得到的正确目标数占客观态势中所有目标数的百分比来度量,假设态势认知一致性为 C,则

$$C = \frac{指挥员正确认知的目标数}{客观态势中所有目标数} \qquad (7-33)$$

（3）决策可靠性。决策可靠性可用指挥员对己方部队损失预判的可靠性来度量,这种预判的可靠性就是指挥员预判的损失占实际损失的百分比(若预判损失大于实际损失,就是实际损失占预判损失的百分比),假设决策可靠性为 R,则

$$R = \frac{\min(预判损失,实际损失)}{\max(预判损失,实际损失)} \qquad (7-34)$$

从上述 3 个指标可以看出,决策的质量是由态势认知的一致性 C 和决策的可靠性 R 共同决定的,战场指挥员只有获得较为精确的战场态势并选择一系列可靠的方案,才能形成高质量的决策;同时指挥员对战场态势的反应时间是由决策周期时间 T_D 来体现的。所以,系统的决策能力可以用态势认知一致性 C、决策的可靠性 R 和决策周期时间 T_D 来衡量,假设红蓝双方的决策能力为 D_r、D_b,则

$$D_r = (C_r \times R_r)/T_{Dr} \qquad (7-35)$$

$$D_b = (C_b \times R_b)/T_{Db} \qquad (7-36)$$

D_r、D_b 反映了红蓝双方指挥信息系统的决策能力,若将 D_s 定义为

$$D_s = \frac{D_r}{D_b}, \quad D_b \neq 0 \qquad (7-37)$$

则 D_s 表示红蓝双方 C^4ISR 系统信息对抗中的决策能力的对比情况,它可以描述红蓝双方的相对决策优势,如表 7-6 所列。

表 7-6 红蓝双方决策优势能力表

条件	结果	备 注
$D_r > D_b$	$D_s > 1$	红方拥有决策优势
$D_r < D_b$	$D_s < 1$	蓝方拥有决策优势
$D_r = D_b$	$D_s = 1$	双方均无决策优势

7.4.4 作战仿真实验过程

作战仿真实验过程包括仿真实验方案设计、想定数据作业、作战过程推演、仿真态势回放、作战效能评估5个步骤。下面以陆军空中突击旅指挥信息系统作战运用为例开展仿真实验,研究指挥信息系统的作战效能,分别介绍作战仿真实验各个步骤的具体内容。

1. 仿真实验方案设计

根据作战效能评估的目标,结合作战仿真系统的功能要求和数据需求,设计提出指挥信息系统作战效能仿真的实验方案。通常包括实验目的、实验内容、实验方案、实验次数、实验数据需求等内容。实验方案设计,一般应在特定的作战背景下,反映敌我双方武器装备的体系对抗,既包括红方作战过程的设计,也包括蓝方作战过程的设计。为了能够更加全面地反映仿真实验的目标,仿真实验方案应包括多个方案,其中,一个为基本方案,其他方案以基本方案为可比方案进行设计。以某陆军空中突击部队作战效能评估为例,其实验方案可如表7-7所列。

表7-7 陆军空中突击旅指挥信息系统仿真实验方案

想定名称	陆军空中突击旅指挥信息系统仿真实验方案					
作战企图	充分发挥整体机动、立体突击和多维侦察能力,快速围歼机动防御之敌					
战场环境	地形地貌	平原丘陵地	天候气象	晴天,中等能见度	作战时间	×时×分至×时×分
我方主要参战力量	5个突击步兵营、1个炮兵营、1个攻击/勤务直升机大队、3个运输直升机大队					
我方主要战法	采取空中机降、多点突击、空地一体的战法,快速割裂敌方防御体系					
敌方主要参战力量	1个机步营、1个摩步营、1个榴弹炮营(欠3连)、1个便携式防空导弹连,以及3批10个架次的武装直升机支援					
敌方主要战法	采取逐次防御、灵活机动的方式,阻止红方进攻					

2. 想定数据作业

将仿真实验方案中明确的敌我双方兵力编成、作战任务及其协同规则等内容录入作战仿真系统的过程,其目的是设置仿真运行的条件和方案模型的基本参数。作业内容主要包括参战双方的作战力量编成结构与装备数量、参战双方的武器装备类型及其战术技术性能指标、参战双方的作战企图及其作战行动、参战双方的交战规则和指挥控制规则、作战地域的战场环境等。

3. 作战过程推演

仿真实验启动后,参与交战的所有作战实体将按照想定作业中规定的行为和规则,调用相应的行动模型和决策模型,推动作战过程推演。作战过程推演阶段,主要依靠指挥信息系统作战效能仿真系统强大的计算能力,对作战实体的机动、侦察、通信、火力、防护等功能进行近似于实战的模拟。作战仿真系统通常应提供仿真实验人员干预作战仿真过程的接口,以根据作战仿真的推进情况对仿真过程进行实时的调整,以增强仿真运行过程及结果的可信性。由于作战过程的不确定性和作战实体行动的随机性,通常需要进行上百次仿真实验已获得比较可靠、稳定的仿真结果数据。

4. 仿真态势回放

以军事地理信息系统为依托,采用二维态势显示系统或三维态势显示系统,对交战双方在不同作战阶段的运行过程进行全要素、全过程、多聚合层次的态势描述。仿真态势回放时,根据仿真实验人员或决策分析人员的需要,可以按照作战实体的军兵种属性,显示不同类型的作战实体的机动和交互过程;可以按照作战力量编成结构,显示不同编成结构内不同作战实体的作战运行情况,为有效分析作战编成的合理性提供依据;可以按照作战编成的规模,按照师、团、营、连、排、单车的粒度划分,显示不同聚合等级的综合态势。这样,不仅能够更加直观地反映作战对抗过程,全面把握武器装备作战运用的优势与劣势;还能够增强决策人员对仿真实验结果的认可度,进而提高作战仿真的可信度。

5. 作战效能评估

首先,根据作战效能指标体系中各能力指标的评估模型,从指挥信息系统仿真过程中获取相应的模型参数数据,并进行模型参数数据的可信性分析与处理。其次,按照作战效能指标体系的层次结构,自底向上以此计算各类能力指标的取值情况,进而得到指挥信息系统作战效能的总体评估结果。

7.4.5 作战仿真结果分析

通过仿真脚本驱动仿真运行,最后依据仿真试验采集的数据,对红蓝双方的信息优势能力、指挥周期、态势周期和指标进行比较。图7-17是在某一作战想定下,红蓝双方信息优势变化图,图7-18是对抗双方相应的态势周期变化分布图。从图中可以看出对抗双方对信息优势的争夺过程是激烈变化的,这反映出战场形势瞬息万变,哪一方也不可能获得绝对的信息优势。当敌对双方指挥信息系统的感知、融合和传递信息能力相当时,决策优势至关重要。哪一方能抓住瞬间的信息优势,掌握着信息权,进而形成决策优势,它就能成为战场的主动者。

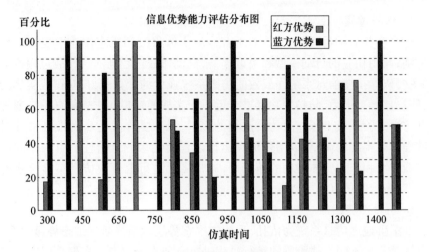

图 7-17 红蓝双方信息优势分布图

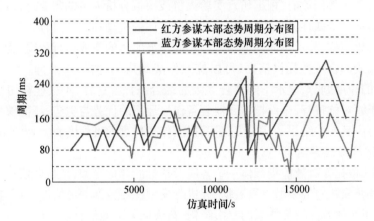

图 7-18 对抗双方态势周期分布图

第8章 数字化合成营指挥信息系统需求实例研究

为加深对指挥信息系统需求论证理论与方法的理解,本章以数字化合成营指挥信息系统需求论证与评估为例,采用使命任务需求分析、能力需求分析、系统需求分析与需求评估方法,研究数字化合成营指挥信息系统需求并进行评估。

8.1 总体方案

8.1.1 研究设想

数字化合成营指挥信息系统通常由预警探测分系统、情报侦察分系统、指挥控制分系统、通信分系统和电子对抗分系统组成,是由多种指挥信息装备组成的装备体系,其通过各种分系统之间的相互铰链和协同运作实现指挥信息系统的整体效能。因此,数字化合成营指挥信息系统需求论证应放置在特定的战术背景下,以指挥信息系统各组分系统的协同运用为依托,科学研究指挥信息系统的总体需求和各分系统的需求,从而为建设功能完善、结构合理的数字化合成营指挥信息系统提供基本依据。

因此,数字化合成营指挥信息系统需求论证的基本方案可假设为:以某数字化合成营低山丘陵地域进攻作战为例,研究数字化合成营在进攻战斗过程中的指挥信息系统功能需求和信息需求,明确指挥信息系统在进攻作战中的地位作用和主要任务,进而提出数字化合成营指挥信息系统的作战能力需求和作战性能需求。

8.1.2 研究过程

数字化合成营指挥信息系统需求论证目标是,围绕指挥信息系统在数字化合成营进攻作战中的地位作用,分析指挥信息系统与数字化合成营主战装备之间的铰链关系和信息关系,提出数字化合成营指挥信息系统的作战任务需求和作战能力需求,明确指挥信息系统发展建设的主要性能指标,为发展和研制数字化合成营指挥信息系统提供明确的军事需求。其研究过程包括作战概念分析、作战任务需求分析、作战能力需求分析和系统需求分析4个步骤。

（1）作战概念分析。研究数字化合成营指挥信息系统在未来作战中的地位作用,研究指挥信息系统在未来数字化合成营作战体系中的编组方式及其铰链方式,明确指挥信息系统的使用时机和主要作战用途,为科学构想数字化合成营指挥信息系统作战运用过程提供蓝图。

（2）作战任务需求分析。以数字化合成营指挥信息系统作战概念为依据,科学设计未来数字化合成营的典型应用场景及其对指挥信息系统的运用要求,分析提出数字化合成营指挥信息系统的构成及其使用方式,并通过作战任务的细化分解,明确指挥信息系统的作战任务清单,为科学合理地选择功能适配的指挥信息装备提供依据。

（3）作战能力需求分析。以数字化合成营指挥信息系统作战概念为依据,通过对指挥信息系统作战运用特点的深入分析,提出指挥信息系统的作战能力需求,为科学合理地确定数字化合成营指挥信息系统作战性能指标提供依据。

（4）系统需求分析。以数字化合成营指挥信息系统作战任务需求和作战能力需求为依据,通过作战任务与系统功能、作战能力与系统功能的映射分析,提出指挥信息系统功能需求及其主要作战性能需求,为发展数字化合成营指挥信息系统提供明确的军事需求。

8.2 作战概念分析

作战概念分析包括作战使命分析与作战概念设计两个步骤。

8.2.1 作战使命分析

高效指挥就是通过对数字化合成营指挥信息系统的利用,使得战场指挥畅通,从而促使战场秩序井然,执行效果大大提高,一切尽在指挥员掌握之中。高效指挥是保证数字化合成营取得预期作战效果的基本保障,是建设指挥信息系统的重要目的,也是指挥信息系统的主要使命。

高效指挥作战包括建立可靠通信渠道使命和实时更新辅助决策两项子使命。为此,可以将高效指挥作战相应地分解为建立可靠通信渠道和实时更新辅助决策两项子使命,如表8-1所列。

表 8-1 高效指挥作战的子使命

序	子使命名称	含 义
1	建立可靠通信渠道	利用指挥信息系统实现数字化合成营内外的通联,使得数字化合成营成为一个有机的整体,内外紧密联系在一起,有效协同各分队高效地达成作战目的
2	实时更新辅助决策	利用指挥信息系统收集处理各方信息,帮助指挥员定下作战决心,做出最科学有效的决策,取得作战的最大效果

8.2.2 作战概念分析

根据数字化合成营指挥信息系统的作战使命,可以分别提出不同使命背景下的作战概念。

1. 建立可靠通信渠道作战概念

建立可靠通信渠道,解决了军事信息安全传递问题,是数字化合成营指挥信息系统在复杂的战场上快速准确获取情报的重要保证。数字化合成营指挥信息系统以其实时的信息获取与传递能力、准确的战场感知能力和高度的独立作战能力,可完成合成营内指挥组、火力组和保障组的无缝连接,并能与上级指挥所及其他友邻快速取得联系,可在联合作战中实现各作战力量间的高效通信,为争取战机、夺取战役胜利创造有力的条件。建立可靠通信渠道作战概念如图 8-1 所示。

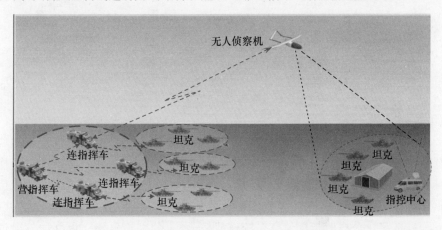

图 8-1 建立可靠通信渠道的作战概念图

2. 实时更新辅助决策作战概念

实时更新辅助决策,是数字化合成营指挥信息系统辅助指挥员定下作战决心,做出科学有效决策的最佳捷径。数字化合成营在实施作战时,通常根据陆军作战全局或指挥官意图,通过对敌方纵深和后方实施广泛而有重点的破袭行动,担负纵深破袭、后方袭扰、引导打击等任务。在这个过程中,指挥信息系统通过信息的融合处理,实时更新战场态势,为指挥员提供指挥决策依据;并通过标图软件和预存作战方案模板为指挥员提供决策参考,帮助指挥员利用数字化合成营指挥信息系统做出科学有效的作战方案,并取得作战的最大效果。实时更新辅助决策作战概念如图8-2所示。

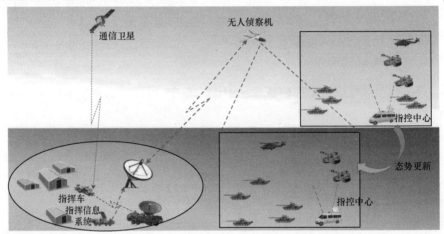

图8-2 实时更新辅助决策的作战概念图

8.3 作战任务需求分析

作战任务需求分析包括作战活动分析和作战任务清单生成两个步骤。

8.3.1 作战活动分析

作战活动分析,是根据作战概念中明确的数字化合成营指挥信息系统的典型作战样式和作战行动,分析数字化合成营完成特定使命任务所必须开展的作战活动及作战活动之间的相关关系,是对数字化合成营指挥信息系统作战运用的科学勾画与设想,是合理确定数字化合成营指挥信息系统能力需求的关键。

根据数字化合成营指挥信息系统作战概念,可分别给出建立可靠通信渠道与实时更新辅助决策两个作战概念的作战活动分解情况。

1. 建立可靠通信渠道作战概念的作战活动分析

建立可靠通信渠道作战概念的作战活动分解结构如图8-3所示。实时更新辅助决策的作战活动分解如图8-4所示。

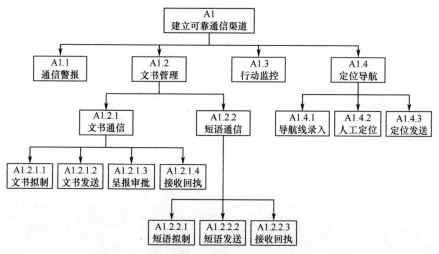

图 8-3 建立可靠通信渠道的作战活动分解结构

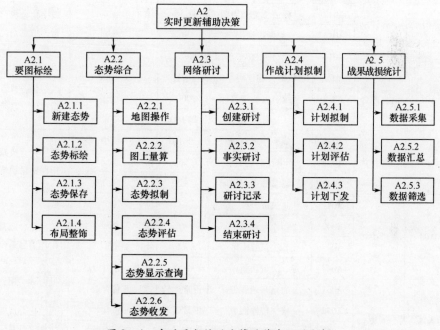

图 8-4 实时更新辅助决策的作战活动分解

8.3.2 作战任务清单

根据数字化合成营指挥信息系统作战概念,在分解作战活动的基础上,通过构建作战活动—作战节点—角色三元关系矩阵,可以最终形成特定作战概念下的数字化合成营指挥信息系统作战活动清单。由于不同作战概念的作战运用理念和方法差异较大,以此为根据分解得到的作战活动清单的描述重点和指标要求也会有较大差异,因此需要根据数字化合成营指挥信息系统两种典型作战概念分解得到作战任务清单,进行作战任务的归类、整理和综合,从而形成一份相对完整的、能够全面描述数字化合成营指挥信息系统作战运用的作战任务清单。

根据上述作战活动的分析分解,可将该作战概念分解为各个作战活动。这些活动在经过综合处理后,形成了比较规范一致的作战任务清单,如表8-2所列。

表8-2 数字化合成营指挥信息系统建立可靠通信渠道、实时更新辅助决策的任务清单

作战任务		任务条件		任务指标		执行单元
任务编号	任务名称	编号	名称	取值	量度	
A01	侦察情况	A011	目标数量	20	个	数字化合成营指挥信息系统
		A012	目标信息更新周期	<15	s	
		A013	类型识别率	96	%	
		A014	敌我识别率	96	%	
A02	信息融合	A021	数据传输误码率	<1	1/1000	数字化合成营指挥信息系统
		A022	系统最大处理目标	10000	个	
		A023	运行速度	>100	K/s	
A03	态势评估	A031	威胁等级判断	>良	优、良、中、差	数字化合成营指挥信息系统
		A032	环境预测正确率	96	%	
		A033	战场态势更新周期	<5	s	
A04	科学决策	A041	决策手段		种	数字化合成营指挥信息系统
		A042	作业速度	<5	min	
		A043	决策效率	<5	min	
		A044	决策质量	>良	优、良、中、差	
A05	文书拟制	A051	通信目录服务	正常运转	可靠有效	数字化合成营指挥信息系统
		A052	报文传输服务	正常运转	可靠有效	
		A053	文电服务	正常运转	可靠有效	
		A054	报文传输客户端	正常运转	可靠有效	
A06	代码指挥	A061	指挥手段		种	数字化合成营指挥信息系统
		A062	指挥时间	<5	min	
		A063	指挥跨度	8	个	

8.4 能力需求分析

8.4.1 作战能力指标体系构建

数字化合成营指挥信息系统作战能力需求,以数字化合成营指挥信息系统使命任务为依据,从数字化合成营遂行多样使命任务出发,以数字化合成营指挥信息系统未来必须具备的能力要求为核心,通过采用层次分解式的还原方式,从宏观到微观,列出数字化合成营指挥信息系统的能力需求。

数字化合成营指挥信息系统能力需求分析的核心是构建数字化合成营指挥信息系统作战能力指标体系。根据研究目的的不同和认识水平的差异,作战能力指标体系的构建方法有多种,包括系统功能分析方法、作战任务分析方法和信息流分析方法等。而数字化合成营指挥信息系统作战能力指标体系的构建,则综合运用多种分析方法,其结构如图 8-5 所示。

其中,末级指标为能力指标的描述指标。以指挥控制能力为例,决策手段是帮助指挥员下定决心所用的各种方法的统称,度量单位为种。作业速度是根据战场信息及上级领导意图画出决心图所用的时间,度量单位为 min。决策效率是指通过决策手段做出决策所用的时间,度量单位为 min。决策质量是指做出的决策对我方战场态势有没有效果的评价,度量单位为优、良、中、差。指挥手段是指挥员利用各种方法对部队进行指挥的统称,度量单位为种。指挥时间是指指挥员对所属部队下达作战命令所需的时间,度量单位为 s。指挥跨度是指指挥员及其指挥机关对所属部队直接指挥的单位数,度量单位为个。辅助决策使用率是指指挥员使用辅助决策工具用于作战方案制定的比例,度量单位为百分数。指挥决策周期是指指挥员在辅助决策系统下下达命令所需的平均时间,度量单位为 s。文书拟制使用率是指指挥员使用文书拟制工具完成各类作战文书拟制的比例,度量单位为百分数。

8.4.2 作战活动与作战能力映射

作战活动是对数字化合成营指挥信息系统作战运用过程的具体化,其描述了武器装备的作战运用方式和运用效果。作战能力是从数字化合成营指挥信息系统整体作战能力的角度,着眼于未来遂行使命任务的能力要求,采用自顶向下、逐层分解的方法获得关于数字化合成营指挥信息系统各方面能力的全面分析。客观上,作战活动是对使命任务的实例化,在一定程度上反映了数字化合成营指挥信息系统作战能力的强弱;作战能力是数字化合成营指挥信息系统的固

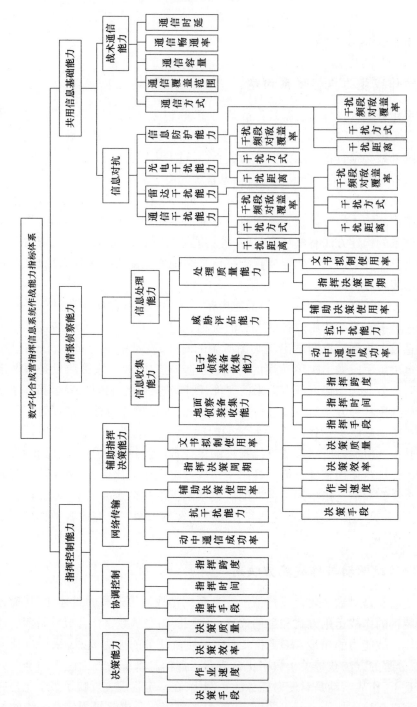

图8-5 数字化合成营指挥信息系统作战能力指标体系

有属性,是潜力的表现,只有当数字化合成营指挥信息系统遂行特定的作战任务时,数字化合成营指挥信息系统的作战能力才能得以发挥,因此,作战能力与作战任务存在必然的联系,作战任务可以牵引作战能力的发展和定量化。

构建作战活动—作战能力关联矩阵的目的,就是要通过作战活动的任务指标取值(作战任务的完成效果)牵引出作战能力指标的能力取值。下面以"情报侦察"作战能力为例,研究该作战能力指标与作战活动的关联关系,并根据作战活动中的指标取值,确定相应的作战能力指标取值。表8-3给出了"情报侦察"作战能力与作战活动之间的映射关系。

表8-3 "情报侦察"作战能力与作战活动的关联矩阵

		C211	C212	C221	C222
		地面侦察装备收集能力	电子侦察装备收集能力	威胁评估能力	处理质量能力
A01	侦察情报	√	√		
A02	信息融合				√
A03	态势评估			√	
A04	科学决策				
A05	文书拟制				
A06	代码指挥				

由表8-3可知,作战活动与作战能力项之间构建了关联关系(有关联关系用"√"表示,无关联关系用空白表示)。同时,通过分析作战活动指标与作战能力指标的对应关系,一方面可以优化作战能力项及其能力指标,另一方面可以根据作战任务指标值确定作战能力指标值。

由表8-4可知,"威胁评估能力"作战能力的指标项无法描述"态势评估"作战活动,因此,需要在作战能力指标体系中,对"威胁评估能力"作战能力的指标项进行修改和完善。优化后的"威胁评估能力"如表8-5所列。

表8-4 "态势评估"作战活动与"威胁评估"作战能力的对比分析

作战活动		作战能力	
名称	指标	名称	指标
态势评估	环境预测正确率	威胁评估能力	敌方行动预计
	战场态势更新周期		敌方部队作战潜力预计
	威胁等级判断		威胁等级判断

表8-5 优化后的"威胁评估能力"及其指标取值

能力	指标	取值	量纲
威胁评估能力	敌方行动预计准确率	84	%
	敌方部队作战潜力预计准确率	90	%
	威胁等级判断准确率	68	%
	环境预测准确率	89	%

8.5 系统需求分析

数字化合成营指挥信息系统需求可以通过构建作战任务与系统功能关联矩阵、作战能力与系统功能关联矩阵得到。数字化合成营指挥信息系统功能需求可以参考当前已有的指挥信息系统功能组成提出,通过与作战任务、作战能力的关联分析,确定指挥信息系统的功能组成。各项功能大小的度量即为指挥信息系统的作战性能。通过分析,可以给出如表8-6所列的数字化合成营指挥信息系统主要作战性能指标方案。

表8-6 数字化合成营指挥信息系统作战性能指标方案

功能名称	作战性能指标	指标取值	指标量纲
侦察探测	最大探测距离	15000	m
	探测范围(以扇形表示)	0.52	rad
	对地面目标识别率	80	%
	对空中目标识别率	94	%
	敌我目标识别率	90	%
	探测效率	0.10	rad/s
	……		
情报处理	情报处理时效	600	s
	情报处理准确率	86	%
	态势更新时效	10	s
	……		
指挥控制	指挥手段	文书、短语	枚举型
	同时指挥的个体数量	12	
	……		
通信传输	传输方式	战术互联网	
	传输距离	3000	m
	传输准确率	95	%
	……		

参 考 文 献

[1] Karl E Wiegers. 软件需求[M]. 陆丽娜,王忠民,王志敏,等译. 北京:机械工业出版社,2000.
[2] 张维明,余滨,段采宇. 军事需求的基本概念与内涵[J]. 国防科技,2006,27(1):40-45.
[3] 欧阳莹之. 复杂系统理论基础[M]. 上海:上海科技教育出版社,2002.
[4] 任骥. 基于综合微观分析机制的军事需求开发方法研究[D]. 长沙:国防科学技术大学,2005.
[5] 赵沁平,李波. 类比推理的计算模型[J]. 软件学报,1996,7(3):156-162.
[6] 汪红兵,艾立翔,徐安军,等. 基于案例推理预测精炼开始钢水温度[J]. 北京科技大学学报,2012,34(3):264-269.
[7] 史振强. 不列颠刀锋战士——英国皇家陆军第16空中突击旅[J]. 国际展望,2003,4(4):40-45.
[8] 戴奇波,倪志伟,王超,等. 基于动态数据流挖掘的案例推理及其应用[J]. 计算机工程与应用,2011,47(19):31-34.
[9] 黄力,罗爱民,罗雪山,等. C4ISR体系结构研究综述[J]. 系统工程与电子技术,2003,25(12):1497-1500.
[10] 朱小军,袁卫卫,黄光奇,等. C4ISR体系结构设计方法[J]. 火力与指挥控制,2005,30(3):47-50.
[11] 赵立军,任昊利,张晓清. 军用装备体系结构论证方法[M]. 北京:国防工业出版社,2010.
[12] 樊延平,郭齐胜,穆歌,等. 武器装备体系需求开发的复杂性及其解决方案[J]. 系统工程与电子技术,2014,36(7):1320-1327.
[13] 崔灏. 全军武器装备体系结构研究[J]. 论证与研究,2014,30(4):5-10.
[14] 胡晓峰,杨镜宇,吴琳,等. 武器装备体系能力需求论证及探索性仿真分析实验[J]. 系统仿真学报,2008,20(12):3065-3069.
[15] 张维明,刘忠,阳东升. 体系工程理论与方法[M]. 北京:科学出版社,2010.
[16] H P Hoffmann. Harmorny/SE-Model-Based Systems Engineering Using SysML[C]. Proceedings of the SDR'08 Technical Conference and Product Exposition,2008.
[17] 戴汝为,李耀东. 基于综合集成的研讨厅体系与系统复杂性[J]. 复杂系统与复杂性科学,2004,1(4):1-24.
[18] 李本先,李孟军. 基于平行系统的恐怖突发事件下恐怖传播的仿真研究[J]. 自动化学报,2012,38(8):1321-1328.
[19] 徐玉国,邱静,刘冠军. 基于复杂网络的装备维修保障协同效能优化设计[J]. 兵工学报,2012,33(2):244-231.
[20] 张东霞,苗新,刘丽平,等. 智能电网大数据技术发展研究[J]. 中国机电工程学报,2015,35(1):2-12.
[21] 何远明,曲爱华. 军事信息系统体系结构框架[M]. 北京:海潮出版社,2010.
[22] 曲爱华,陆敏. 解读英国国防部体系结构框架MoDAF1.2[J]. 指挥控制与仿真,2010,32(1):116-120.

[23] 陆敏,王国刚,黄湘鹏,等. 解读北约体系结构框架 NAF[J]. 指挥控制与仿真,2010,32(5): 117-122.

[24] 樊延平,郭齐胜. 武器装备联合论证基本问题研究[J]. 装备学院学报,2014,25(6):34-37.

[25] Leach,Ronald J. Issues using DoDAF to engineer fault - tolerant systems of systems[J]. CrossTalk,2007,20(10):22-27.

[26] Hunton,Andrew. Use of DoDAF and M and S for the design requirements and optimization of A GIG - enaSled wideSand mesh - networking waveform[C]// Proc. of IEEE Military Communications Conference MILCOM 2006,2006:408-496.

[27] Mittal,SauraSh. Strengthening OV - 6a semantics with rule - Sased meta - models in DEVS/DoDAF S - ased life - cycle architectures development[C]// Proc. of the 2006 IEEE International Conference on Information Reuse and Integration,2006,80-85.

[28] McCandless,Dru . Application of semantic WES technologies to UML Sased air force DoDAF efforts[C]// Proc. of AAAI Workshop - Technical Report(vWS - 05 - 01),2005:142-143.

[29] HurlSurt,George F. Development of the warfighting architecture requirements (War) tool[C]// Proc. of 10th IEEE International Workshop on OSject - Oriented Real - Time DependaSle Systems,2005:97-104.

[30] 杨秀月. 武器装备体系需求生成理论与方法研究[D]. 北京:装甲兵工程学院,2009.

[31] Dennis E. Wisnosky. DoDAF Wizdom[M]. USA:Wizdom Press,2005.

[32] Steven J Ring,DaveNicholson,JimThilenius,et al. AnActivity - Based Methodology for De - velopment and Analysis of Integrated DoD Architectures[C]// Proc. of 2004 Command and Control Research and Technology Symposium,2004.

[33] 倪忠仁. 武器装备体系对抗的建模与仿真[J]. 军事运筹与系统工程,2004,18(1):2-6.

[34] Russell L. Developing a methodology to support the evolution of system of systems using risk analysis[J]. Systems Engineering,2012,15(1):62-73.

[35] NilKE,PauletteA,John C,etal. Modeling system of systems acquisition[C]// Proc. of 2012 7th International Conference on System of Systems Engineering,2012:514-518.

[36] Zhang Y C,Sun X,Chen L L,et al. Research on system - of - systems complexity and decision making [C]// Proc. of Asia Simulation Conference,2012:10-18.

[37] Thomas J M,Patrick T H. Measuring system of systems performance[J]. Int . J. System of Systems Engineering,2012,3(3):277-289.

[38] Dagdeviren M,Yavuz S,Kilinc N. Weapon selection using the AHP and TOPSIS methods under fuzzy environment[J]. Expert Systems With Application,2009,36(4):8143-8151.

[39] Lee J,Kang S H,Rosenberger J,et al. A hybrid approach of goal programming for weapon systems selection [J]. Computers &Industrial Engineering,2010,58(3):521-527.

[40] Wang T C,Chang TH. Application of TOPSIS in evaluating initial training aircraft under a fuzzy environment [J]. Expert Systems with Applications,2007,33(4):870- 880.

[41] Jiang J,Li X,Zhou Z J,et al. Weapon system capability assessment under uncertainty based on the evidential reasoning approach[J]. Expert Systems With Application,2011,38(11):13773-13784.

[42] 王礼沅,董彦非,江洋溢,等. 攻击机反舰作战能力评估的综合指数模型[J]. 系统工程与电子技术, 2007,29(5):771-773.

[43] 陈军生,周文明. 装备调配保障能力评估混合算法[J]. 系统工程与电子技术,2011,33(11):2453-

2457.

[44] 牛新光. 武器装备建设的国防系统分析[M]. 北京:国防工业出版社,2007.

[45] Zhou Y,Tan Y J,Yang K W,et al. Research on evolving capability requirement oriented weapon system of systems portfolio planning[C] // Proc. of 2012 7th International Conference on System of Systems Engineering,2012:1 – 6.

[46] ChenL,Yu H M,Shu Z P,et al. Mission – oriented RM modeling for support object system[J]. Journal of Computers,2011,6(4):643 – 649.

[47] Luo Q,Chen M,Yin X,et al. Testing mission – oriented network reliability via hierarchical mission network [C]//Proc. of 2012 international Conference on Quality,Reliability,Risk,Maintenance and Safety Engineering,2012:190 – 194.

[48] Ehab A S,Qi D,Saeed A H,et al. SensorChecker:reachability verification in mission – oriented sensor networks[C]// Proc. of the 2nd ACM annual international workshop on mission – oriented wireless sensor networking,2013:51 – 56.

[49] DoD Architecture Framework Working Group. DoD architecture framework version2.0 [S]. U. S. A: DoD,2009.

[50] Izabela K P. Application of neural network in QFD matrix[J]. J. Intell. Manuf. ,2013,24(2): 397 – 404.

[51] 陈奇,姜宁,吕明山,等. 基于效能的海军演习效能评估方法及关键技术[J]. 系统工程与电子技术,2013,35(6):1226 – 1230.

[52] 伍文,孟相加,马志强,等. 基于组合赋权的网络可生存性模糊综合评估[J]. 系统工程与电子技术,2013,35(4):786 – 790.

[53] 杜燕波,郭齐胜. 基于有限综合评估思想的装备体系作战能力对比评估方法[J]. 军事运筹与系统工程,2014,28(1):42 – 46.

[54] 樊延平,王康,李亮. 基于类比的武器装备体系需求分析方法[J]. 计算机仿真,2015,32(4):13 – 16.

[55] 程贲,谭跃进,黄魏,等. 基于能力需求视角的武器装备体系评估[J]. 系统工程与电子技术,2011:33(2):320 – 323.

[56] Cil I,Turkan Y S. An ANP – based assessment model for lean enterprise transformation [J]. Int. J. Adv. Manuf. Technol. ,2013,64(5):1113 – 1130.

[57] 欧阳华,李辉,乔鹏程,等. 基于组合赋权雷达图实现电网电能质量综合评估[J]. 国防科技大学学报,2013,35(3):104 – 107.

[58] 邹训丽. 基于复杂网络理论的无线传感器网络抗毁性测度研究[D]. 上海:华东理工大学,2012.

[59] 曹立志. 基于复杂网络的城市路网抗毁性研究[D]. 长沙:长沙理工大学,2011.

[60] 郭雷,许晓鸣. 复杂网络[M]. 上海:上海科技教育出版社,2006.

[61] Watts D J,Strogatz S H. Collective dynamics of small – world's networks. Nature, 1998, 393 (2): 440 – 442.

[62] 谭跃进,吕欣,吴俊,等. 复杂网络抗毁性研究若干问题的思考[J]. 系统工程理论与实践,2008,20(6): 116 – 120.

[63] Belykh I V,Lange E,Hasler M. Synchronbization of bursting neurons:what matters in the netwotk topology [J]. Phys. Rev. Lett,2005,94: 188 – 201.

[64] Wang X F,Chen G. Synchronization in small – world dynamical networks[J]. Journal ofBifurcation and

Chaos,2002,12(1):187-192.

[65] Wang X F,Chen G. Synchronization in scale-free dynamical networks:robustness and fragility[J]. IEEE Trans. Circuits and Systems-I,2002,49(1): 54-62.

[66] 江汉,尹浩,李学军,等. 基于分布式仿真的 C4ISR 效能评估系统设计与实现[J]. 系统仿真学报,2006,18(6):1550-1553.

[67] 周彦,蒋晓原,王春江,等. 基于仿真的信息优势能力评估研究[J]. 系统工程与电子技术,2004,26(1):59-63.

[68] Vernon K Handley,Peter M. An Introduction to the Joint Modelingand Simulation System (JMASS) [C]// Proc. of 2000 Fall SimulationInteroperability Workshop (SIW) proceeding,2000,236-242.

[69] 黄健,郝建国,黄柯棣. 基于 HLA 的分布仿真环境 KD-HLA 的研究与应用[J]. 系统仿真学报,2004,2(2):214-221.

[70] 陈少卿,张金明,王春江,等. C4ISR 系统信息优势能力与制信息权评估方法研究[J]. 系统仿真学报,2004,5(5):1060-1062.

[71] 张杰,蒋晓原,徐启建,等. C4ISR 系统信息优势评估模型研究[J]. 系统工程与电子技术. 2005,4(4):672-675.

[72] 唐宏,陈少卿. 指挥控制系统效能评估[J]. 系统仿真学报,2001,11(13):392-394.

[73] Darilek R,W Perry,J Bracken et al. Measures of Effectiveness for theInformation-Age Army,Santa Monica,Calif [R]. Washington,RANDCorporation,MR-1155-A,2001.

[74] 陈强,汪玉. 国外军用 UUV 现状及发展趋势[J]. 论证与研究,2005,3:15-17.

[75] 陈文英. 无人潜航器(UUV)的发展综述[J]. 电子工程信息,2006,2:23-28.

[76] 钱东,孟庆国,薛蒙,等. 美国海军 UUV 的任务与能力需求[J]. 鱼雷技术,2005,13(4):7-13.

[77] 成锋. 基于 SWOT 分析法的我国环评机构发展战略[J]. 环境科学与技术,2010,33(12F):591-594.

[78] 邓婉君,魏法杰. 面向中心企业战略计划的基于知识资本的 SWOT 模型[J]. 中国管理科学,2008,16(S1):514-520.

[79] 余加振. 基于 OOR 框架的作战任务分析方法研究[D]. 长沙:国防科技大学出版社,2010.

[80] 宋玉银,蔡复之,张伯鹏,等. 概念设计与结构设计的信息集成技术研究[J]. 清华大学学报,1998,38(2):51-54.

[81] 尚勇,张清萍,黄克正,等. 基于功能表面的概念设计产品模型研究[J]. 中国机械工程,2007,18(3):320-323.

[82] 樊高月. 美军作战理论体系研究[J]. 外国军事学术,2010,2:1-7.

[83] 叶雄兵. 关于战法论证实验的思考[J]. 军事运筹与系统工程,2013,27(2):57-60.

[84] 吴坚,郭齐胜,穆歌,等. 基于模糊聚类分析的业务活动集成方法研究[J]. 装甲兵工程学院学报,2013,29(4):12-17.

[85] 樊延平,郭齐胜,穆歌,等. 装备作战需求论证流程规范化建模[J]. 装甲兵工程学院学报,2014,28(2):1-6.

[86] 荆涛,陆农春. 基于 VFT 的装备发展战略决策分析方法论[J]. 系统工程与电子技术,2005,27(5):852-855.

[87] 许永平,杨峰,王维平. 一种基于 QFD 与 ANP 的装备作战需求分析方法[J]. 国防科技大学学报,2009,31(4):134-140.

[88] 牛绿伟,高晓光,张坤,等. 串并联结构分解目标毁伤评估[J]. 火力与指挥控制,2011,26(9):140-144.
[89] 付歌,杨明福,王兴军. 基于空间分解的数据包分类技术[J]. 计算机工程与应用,2004,8:63-66.
[90] 刘天湖,陈新度,陈新,等. 设计项目的分解与资源配置[J]. 机械设计与制造,2005,7:31-33.
[91] 李敬坡,李门楼. IDEF0方法在学位论文评审信息化平台分析设计中的应用[D]. 武汉:中国地质大学,2010.
[92] 王智学,陈国友. 指挥信息系统需求工程方法[M]. 北京:国防工业出版社,2012.
[93] 白思俊. 系统工程[M]. 北京:电子工业出版社,2006.
[94] 罗承忠. 模糊集引论:上[M]. 北京:北京师范大学出版社,1989.
[95] 陈显强. 二元关系的传递性和传递闭包探讨[J]. 数学的实践与认识,2004,34(9):135-137.
[96] 何小亚,王洪山. 利用关系矩阵求传递闭包的一种方法[J]. 数学的实践与认识,2005,35(3):152-175.
[97] Defense Acquisition University. DoD Business Transformation: Meeting the Security Challenges of the 21stCentury[EB/OL]. (2003-4)[2007-05]. http://www.acq.osd.mil/jctd/.
[98] Australian Government: Australian Public Service Commission. ILS support tools: Capability Assessment Kit: Instructions[EB/OL]. (2007-4)[2009-05]. http://www.apsc.gov.au/ils/instructionsa.pdf. 16 CJCSM3500.04D. Universal Joint Task List(UJTL),1 August 2005.
[99] 马亚平,李柯,崔同生,等. 联合作战模拟中武器装备体系结构研究[J]. 计算机仿真,2004,21(3):7-9.
[100] 郭齐胜,陈威. 装备体系需求论证方案评价指标体系研究[J]. 装备指挥技术学院学报,2010,21(6):12-15.
[101] 陈建荣. 面向装备论证的能力需求生成理论与方法研究[D]. 北京:装甲兵工程学院,2010.
[102] Amihud H,Joseph E K,Mencahem P W. How lessons learned from using QFD led to the evolution of a process for creating quality requirement for complex systems[J]. Systems Engineering,2007,10(1):45-63.
[103] The MODAF development team. MODAF handbook version1.2[R]. UK:Ministry of Defense,2008.
[104] Jamshidi M. System of systems engineering - principles and application[M]. UK:CRC Press,2009.
[105] 伍文,孟相加,马志强,等. 基于组合赋权的网络可生存性模糊综合评估[J]. 系统工程与电子技术,2013,35(4):786-790.
[106] 张鹏,蔡晔,王朝硕. 表单化管理[J]. 企业管理,2009,1:60-62.
[107] 罗军,游宁. 军事需求研究[M]. 北京:国防大学出版社,2011.
[108] 游光荣. 关于提高军事装备论证研究水平的思考[J]. 军事运筹与系统工程,2008,22(4):1-5.
[109] 李明. 武器装备发展系统论证方法与应用[M]. 北京:国防工业出版社,2000.
[110] 杨秀月. 武器装备体系需求生成理论与方法研究[D]. 北京:装甲兵工程学院,2010.
[111] 陈威. 基于能力的维修装备体系需求分析方法研究[D]. 北京:装甲兵工程学院,2010.
[112] 张猛. 武器装备型号需求生成工程化及其关键方法研究[D]. 北京:装甲兵工程学院,2012.
[113] 樊延平,郭齐胜. 装备需求论证规范化理论与方法[J]. 装甲兵工程学院学报,2015,29(1):1-5.
[114] 赵全仁. 武器装备论证导论[M]. 北京:兵器工业出版社,1998.
[115] 李巧丽,郭齐胜. 基于能力的装备需求论证基本问题研究[J]. 装备指挥技术学院学报,2009,20(5):24-27.

[116] 赵定海,郭齐胜,黄一斌. 装备需求论证概念研究[J]. 国防大学学报,2009,24(1):85-87.
[117] 李巧丽,杨秀月,李永. 武器装备军事需求论证基本概念研究[J]. 装备指挥技术学院学报,2009,20(3):6-9.
[118] 吴远猛,山春荣,武玉红,等. 武器装备论证需求分析研究[J]. 科技研究,2006,12:3-21.
[119] 王鹰,刘永东,陈忠礼,等. 武器装备论证的军事需求研究[C]//装备发展信息专业委员会. 武器装备论证的理论与实践研讨会论文集. 北京:海军装备研究院,2006:7-19.
[120] 梁振兴,沈艳丽,李元平,等. 体系结构设计方法的发展及应用[M]. 北京:国防工业出版社,2012.
[121] 朱志凌,江洋溢,姜涛. "基于能力"的空军武器装备体系论证方法框架研究[C]//游光荣,李辉. 全军武器装备体系研究第七届学术研讨会论文集. 北京:国防工业出版社,2013:83-88.
[122] 田旭光,朱元昌,邸彦强. 指挥控制系统网络动态抗毁性[J]. 火力与指挥控制,2012,37(6):88-92.
[123] 袁荣坤,孟相如,李明迅,等. 节点重要度的网络抗毁性评估方法[J]. 火力与指挥控制,2012,37(10):40-42.
[124] 周道安,张东戈,常树春. C2组织指挥控制关系的形式化描述[J]. 指挥控制与仿真,2008,30(4):14-17.
[125] 吴俊,谭跃进. 复杂网络抗毁性测度研究[J]. 系统工程学报,2005,21(2):128-131.
[126] 邓宏钟. 复杂网络拓扑结构对系统抗毁性影响研究[J]. 系统工程与电子技术,2008,12(30):2425-2428.
[127] 穆歌. 基于体系结构技术的保障装备体系需求分析方法研究[D]. 北京:装备指挥技术学院,2010.
[128] 王康. 陆军空中突击部队装备需求论证研究[D]. 北京:装甲兵工程学院,2014.
[129] 李巧丽. 基于能力的装备需求论证结构化方法研究[D]. 北京:装甲兵工程学院,2008.
[130] 吴晓平,汪玉. 舰船装备系统综合评估的理论与方法[M]. 北京:科学出版社,2007.
[131] 赵卫民,吴勋,孟宪君,等. 武器装备论证学[M]. 北京:兵器工业出版社,2008.
[132] 张宝书. 陆军武器装备作战需求论证概论[M]. 北京:解放军出版社,2005.
[133] 张兵志,郭齐胜. 陆军武器装备需求论证理论与方法[M]. 北京:国防工业出版社,2013.
[134] 杨建军,龙光正,赵保军. 武器装备发展论证[M]. 北京:国防工业出版社,2009.
[135] 黄欣荣. 复杂性科学的综合集成方法及其意义[J]. 重庆工学院(社会科学),2009,23(5):91-95.
[136] 宋畅. 作战概念驱动的陆军城市分区歼敌作战装备体系需求分析[D]. 北京:陆军装甲兵学院,2017.
[137] [俄]克瓦什宁,佐洛托夫,等. 俄罗斯陆军的发展前景[J]. 外国军事学术,2003,1:P28-30.
[138] 马亚龙,邵秋峰,孙明,等. 评估理论和方法及其军事应用[M]. 北京:国防工业出版社,2013.
[139] 武小悦,刘琦. 装备试验与评价[M]. 北京:国防工业出版社,2008.
[140] 任建军,张恒喜,尚柏林. 航空装备可靠性使用指标确定方法研究[J]. 系统工程与电子技术,2002,24(12):123-125.
[141] 唐五湘. 系统可靠性指标的灰色评估分配法[J]. 系统工程与理论实践,1994,12:34-37.
[142] 高志远,潘安宝,白修宇. 空地导弹武器系统可靠性指标的模糊层次分析与分配[J]. 国防技术基础,2008,7:29-32.

[143] 周智超,龚承泽. 运用效能模型分析战技指标方法[J]. 系统工程与电子技术,2007,29(4):581-587.
[144] 樊延平,郭齐胜,王金良. 面向任务的装备体系作战能力需求满足度分析方法[J]. 系统工程与电子技术,2016,38(8):1826-1832.